酒の履歴

農博　大塚謙一　著

技報堂出版

はじめに

私事で恐縮だが、本書の執筆を始めたのは20年前になる。この間、愛妻を喪ったこと、生来の怠け者のため人生の四分の一を使ってしまったことを悔やんでいる。

本書の出版を快く引き受けてくださり、また拙い原稿を整理してくださった技報堂出版㈱編集部長小巻慎氏に感謝する。また出版を勧めてくださった秋山裕一氏、山本祥一朗氏、坂本恭輝氏、関根彰氏に御礼申し上げる次第である。

また、文中に引用した先生方の敬称を省略したことをお許しいただきたい。

もくじ

もくじ

本書の構成

酒の起源が一元であるとは思えない。偶然にある酒が人間にとって意識的な産物であった、あるいは産物となったとしても、そのルーツは多元的であろう。なぜなら、酒の原料は多種多様であり、酒になるまでの工程も多様であるから。

酒の原料の大半は植物である。樹液を利用した椰子、竜舌蘭（りゅうぜつらん）など、澱粉を多く含む穀類や芋類、また多くの果実が原料となる。糖分を持つ花はそのまま利用され、また花の香りや色を使用したリキュールや蒸留酒になる。蜂蜜の酒も古（いにしえ）から造られている。そして、草根木皮や香辛料から有効成分を抽出したリキュールやヴェルモットもある。

そのほか馬乳、山羊乳から造る乳酒、卵黄からのリキュール、動物を漬け込んだ薬酒もある。

多くの酒が各地で造られ、多くの民族によって育まれ、発達し、伝播して変遷を重ねてきた。酒によっては、現存しない酒、伝統的手法を踏襲し伝えている酒、それらを元に新たに変転した酒もある。それが世界中の酒の多様性となっている。

本書の構成は、醸造酒、蒸留酒、混成酒に分け、過去から現在までの世界の酒を次のように区分して、それぞれの酒の由来、特徴、変遷、つまり酒の履歴について述べたつもりである。

① 神話の酒　神話の中に出てくるもので、実体はわからないものが多い。メソポタミアや古代エ

ジプトでは蜜酒、ビール、ワインが出てくる。

② 伝説の酒　消滅した酒といえる。記録はあるが、再現ができないものが多い。インド、中国、日本などにあった。

③ 伝承の酒　閉じられた環境の中で伝えられたもので、民族の酒ともいえる。これには狭い範囲のものと広い範囲のものとあり、後者は伝播の酒との区別は難しい。

④ 伝播の酒　広い地域に伝播したもので、原料の伝播に伴って造られるに至った酒と方法が伝播して造られる酒がある。

⑤ 伝承の蒸留酒　蒸留技術は伝播してきたと考えられるが、閉じられた環境で独特な原料や手法で醸造、蒸留される酒である。

⑥ 伝播の蒸留酒　原料と造り方に違いはあるが、基本的には伝播によって造られるようになったと考えられる酒である。

⑦ 伝承の混成酒　薬草や香辛料を用いるが、その処方は秘密が多い。中国の薬酒とヨーロッパで発達したリキュールなどがある。

酒は基本的にはアルコール含有物で、これを飲む人間にとって多かれ少なかれ酩酊効果を持っている。アルコールは発酵作用によって生産され、微生物(大半は酵母菌)が関与している。

こうして世界の酒は多種多様となった。

製造の方法から見ると、次のように区分できる。

・醸造酒：ワイン、ビール、日本酒、紹興酒、粒酒
・蒸留酒：ウイスキー、ブランデー、白酒、焼酒
・混成酒：リキュール、薬酒、調合酒、カクテル

発酵の型式から見ると、次のように区分できる。

・単行発酵：ワインのように糖分のある果汁を発酵
・単行複発酵：ビールのように原料の糖化後発酵
・並行複発酵：日本酒のように原料の糖化と発酵が並行
そして、発酵の状態から見ると、次のように区分できる。
・液発酵：白ワインの発酵
・固液発酵：赤ワイン、日本酒の醪
・固体発酵：粒酒、白酒の発酵
原料の澱粉を分解するために、唾液、穀芽（主に麦芽）、カビ類（麹菌、クモノスカビ）、糸状酵母菌などの分泌する糖化酵素を利用する。固体発酵には壺酒や土の穴の中で発酵させるものがあり、中尾佐助（『発酵と食の文化』）は埋土発酵と名づけている。

引用・参考文献

・中尾佐助：埋土醗酵加工法、発酵と食の文化（小崎道雄・石毛直道編）、ドメス出版、１９８６

1　酒の変遷

文明と酒

４０数億年といわれる地球の歴史は、始生代、中生代、新生代に分けられている。新生代は７５００万年前に始まったといわれる。新生代は、第三紀が大部分で、第四紀は２００万年前に始まるという。第四紀は洪積世が大部分で、現代につながる沖積世は1万年前である。

生物学的概念の人類として東アフリカで見つかったアウストラロピテクスに代表される猿人が４５０～１００万年前とされ、以後、原人北京原人、旧人ネアンデルタール人、新人クロマニヨン人などが発見されている。しかし、文化的概念の人間、つまり現在の人間の祖先たるホモ・サピエンスの歴史は１万年前といわれる。極近の氷河期のヴュルム期が終わり地球が現在のような気候と地形になったのもこの頃である。

酒の起源についての考察はこの1万年を対象としたものである。猿酒説のように酒が偶然の機会からできたことは果実酒では考えられるが、筆者は人間が意識的に造った酒がその起源であると考えたい。

さて、世界の文明の発祥の地についてはいくつかの説がある。ダニエルは、メソポタミア、エジプト、インダス、中国、メキシコ、マヤの6つの地域を提唱し、フランフォルトは、独立して発展した文明は3つで、近東(エジプト、メソポタミア)、中国、中南米(メキシコ、ペルー)とした。これらの中で最も古いのは、メソポタミアか中国といわれている。最近の説では黄河文明よりも長江文明の方が古いとされている。

ここで、人間が発酵食品を手にしたきっかけについてフィリップ・スミス(『農耕の起源と人類の歴史』)の考えが明快である。

物質に化学的と物理的変化を起こさせるという範疇の中には、食物と飲み物を発酵させる技術も含めて考えねばならないだろう。ただし、この加工技術もより古い時代の狩猟採集民によって実際に行われていた可能性のあるものがいくつかある。ヨーグルトとチーズは、家畜を飼育する共同体にとっては重要な発酵食品だが、これは作りやすく、したがって古くから存在した可能性がある。穀物と果実が栽培されるようになると、酵素反応を利用して澱粉を糖に変換し、アルコール飲料の作られるお膳立てが整えられた。

さらに、

アルコール発酵法は、好収穫の結果余分が出た穀物を、快美で、滋養のある産物、すなわちビールに代えることのできる一つの妙手なのであった、

と述べている。このように発酵技術の始まりを余分の穀物の利用と捉えるとすると、酒の起源の探求も原料があれば即酒ができるのではなく、原料獲得に余裕があったかどうかがキーポイントといえる。

古代オリエントの中で

原料の獲得、さらには生産が先行するはずであるから、酒のルーツを探るためには、人間が何時頃そのことを始めたかが問題である。それには、文明の中で最も古いとされるメソポタミア文明を含むオリエント文明をまず探るべきであろう。

文明の発生は大河の流域に多いが、それにはいくつかの条件があるといわれる。気候温暖で、肥沃の地で、禾本科の植物が自生し、さらには野生の山羊などの有蹄類がいることである。イラン西部、メソポタミア北部、シリア、パレスチナを結ぶ地帯は、「豊穣な半月地帯」と呼ばれるが、この地帯こそそれらの条件に合致していたのである。特に、イラク北部やパレスチナが最も早い文明開花地と考えられている。

狩猟は行っていたが、いわゆる牧畜はずっと後のことであった。前6000年紀初めにはエンメル小麦、大麦や棗椰子(なつめやし)を栽培し、ついに人間の初めての化学工業といえる土器が発明された。農耕の発達により生産経済に余裕ができ、専業化した職人が生まれ、製陶、織物、そしてパン作りが行われた。前5000年紀には牧畜も始まった。

イラク北部の農耕、牧畜の最古の文化(カリム・シャヒル文化)はたちまち豊穣な半月地帯の全域とエジプトに伝わった(富村伝、『文明のあけぼの』)。その中で、文化の伝播について次のように述べている。

文化の伝播は、まず急行列車のように、重要地点を飛石伝いに進行し、さらに各地点からその周辺一帯にひろがる、といった方式で行われたのである。

さらに、

オリエントを光源とする古拙文化は、はじめにイラン西南部、ついで小アジアや北アフリカに向かって伝播した。北アフリカの古拙文化は、西進したイベリア半島に達し、フランス、イギス、スイス方面にひろがった。また、イギリスからは、海を越えて、デンマーク方面にも進出した。別に、小アジアからギリシアに伝わった古拙文化は二つに分かれ、一方はイタリアへ、他方は、マケドニアからドナウ川流域や南ロシアへ向かった。また、アラビア方面へは、はっきりとは判らないが、紀元前4000年ごろから古拙文化の伝播がはじまったと想像される。

ここで、『農耕の起源と人類の歴史』の記述を見ると、生産経済により食糧に余裕が生じ、職業も専業化した時代こそ、発酵食品の生まれる基盤ができたと書かれている。その原料となったのは、麦類であり、他に棗椰子もあった。また、養蜂も既に行っていたと考えられるので、蜂蜜もあったろう。さらに、牧畜により山羊類などの乳を手にしていたことも当然であったろう。

このように考えれば、豊穣な半月地帯では前5000年頃には、ビール、椰子酒、蜜酒、乳酒が造られたと見ることができる。

時代が下がって、紀元前2300年代(アッカド時代)に入ればビールを飲んでいたことは確実であり、シュメール人の残した粘土板にあるギルガメシュ叙事詩には葡萄(ぶどう)園やワインも出てくる(ヘロドトスは、メソポタミアにはブドウができないと述べているが、北部の高原地帯には多くの葡萄園があったらしい)。

紀元前2600年頃のエジプトのサッカラの古王国時代の墓や紀元前1500年頃の新王国時代のテーベの墓の壁画にはビール醸造と葡萄栽培そしてワイン醸造が克明に描かれていることからも、これ以前からビール、ワインはポピュラーなものであったのであろう。

世界の酒の変遷

酒はもともとその土地で入手できる材料を使って、人間の知恵と工夫により造られてきた。初めは原料は多種多様で、酒の中身も様々であったに違いない。古いものでは、蜂蜜、乳、椰子を原料とした酒があげられる。そして遊牧から農耕、つまり獲得経済から生産経済へ移行するに従って栽培植物を原料とする酒が量、質とも主流を占めるに至った。主なものは、麦類からのビール、葡萄からのワインがオリエントで、雑穀や米からの酒が中国、インド、東南アジアで、そして日本で出現した。新大陸が発見された後、様々な酒が各地へと伝播した。

人間と酒との長い関わりを次の時代区分で見てみる。

古代の酒

紀元前6000～1500年頃　酒の創成期からその醸造法の確立までの時代で、メソポタミアから古代のエジプト、東洋の中国とインドで酒と人間の関わりが始まった。

紀元前6000年といわれるチグリス・ユーフラテス流域におけるシュメール人による文明が人類の文明の始まりとするならば、酒の起源もまたこの地とするのが妥当である。シュメール人は、紀元前4000～3000年には灌漑農法を開発し、麦類の大量収穫を行っており、エンメル系の二条大麦と六条大麦を使ってビールを造っていた。この頃には既にビールやワインが飲まれていたことは、発掘された粘土板の記録を見ても確かである。

紀元前３０００年にはメソポタミアはバビロニア王朝により統一された。紀元前１９００年頃、アフガニスタン、イラン、コーカサスより小麦が移入され、その後、パン用に小麦、ビール用に大麦という区別が生まれた。さらにハムラビ大王（紀元前１７１１～１６６９）は法典を作ったが、この中にビールとワインに関する項がある。既にこの頃にはビアホールもあり、経営者は女性であったという。またビール組合もあった。円筒印章には、吸酒管で飲む図が描かれている。

ビールの造り方は、メソポタミアからシリア、アラビアを経て、アフリカのアシビニア（今のエチオピア）に伝わって、紀元前２６５０年にはエジプトで造られていた。紀元前２３００年の王家の墓の壁画には、その醸造法が克明に描かれていた。

ワインについては、古代イランで発掘された粘土板に描かれたギルガメシュ叙事詩が葡萄栽培の初見といわれている。葡萄の起源地のアルメニアでは、古くからワインが造られていたという。これがエジプトに伝えられ、その栽培、醸造法が壁画に克明に描かれることとなった。

蜜酒も神話に出てくるぐらい古いものである。養蜂が古くから行われていたことからも裏書きされる。また、椰子は古くから自生し、やがて栽培もされていたことからも椰子酒が古い酒の一つであることは間違いない。

西アジアや中央アジアの乾燥地帯では、オアシスを拠点とする農耕民族、そしてステップを足がかりとする遊牧民、騎馬民族が活躍した。彼らには、山羊（やぎ）、駱駝（らくだ）、そして馬の乳酒があった。

東南アジアの照葉樹林文化圏と中国では、穀物の酒、つまり麹を利用する酒が創成された（粒酒）。一方、唾液の酵素で澱粉を糖化する原始的な口噛みの酒が普及した。

単行発酵型の酒（椰子酒、乳酒、蜜酒、ワイン）と単行複発酵型（糖化発酵型）の酒（ビール、口噛み酒、穀物酒）が古代において既に分化していたことに驚かざるを得ない。

紀元前１５００～０年頃

ビールとワインがメソポタミア、そしてエジプトからエーゲ海の島々を経てヨーロッパに伝えられ、醸造法は改良された。シーザーのガリア遠征によりビール醸造の進んだ糖化法が導入された。

この頃、アンフォーラを容器とした海上輸送が盛んに行われた。

飲酒の様式も大いに変わってきた。ワインの飲み方は、ギリシャでは水で割って飲んでいたが、ローマではそのまま飲む習慣に変わった。このことは、ワインの品質を向上させるとともに食卓文化を開花させた。また、ワインの熟成による品質向上も認識されていた。

フェニキア(紀元前1300年頃)をはじめギリシャとローマは、地中海を制覇し、ヨーロッパ各地、輸送に便利な大河の河口や流域に葡萄栽培を行わせワインを造らせた。現在の西欧のワイン地図の大半はこの頃に既にできていたといわれる。

中国の中山王国は、この頃名酒の産地として知られていた。

中世の酒

紀元0～1000年頃

西暦紀元に入ってからは、キリストが最後の晩餐で諭した「パンはわが肉、ワインはわが血」の言葉は、キリスト教とワインを結びつけた。ローマ帝国によって開拓された諸地域はそのまま布教地域になった。布教のための教会、修道院の普及は、それ自体がワインの醸造所となったこともあって、ワインは重要な産物になった。葡萄のできない所ではビールが造られた。当時のビールには種々の草根木皮が使われ、そのレシピは秘法とされ、教会、僧院の財源ともなった。

中国では、『斉民要術』の古書にあるように多様な酒が造られていた。

日本では、『延喜式』に独特な酒と大陸の影響を受けた酒が示されている。

しかし、中世の中頃のヨーロッパは、戦争と侵略の暗黒時代であり、そのような状況下では多年生の葡萄の栽培は難しく、ワインが広がることはできなかった。そのうえ、イスラム教の禁酒思想により飲酒文化は大きな制約を受けた。メソポタミアやエジプトのイスラム化によりこれらのワイン発祥の地でのワインは衰退した。

紀元1000～1500年頃　蒸留酒の起源は、古代エジプトあるいは東漢時代の中国にあるといわれているが、アラビアで錬金術師により蒸留技術が開発され西欧に伝播したというのが通説である。

13世紀には穀物からの蒸留酒、14世紀には果実からの蒸留酒が造られた。東南アジアの広い地域にわたっていろいろの原料を用いたアラックと総称される蒸留酒が出現している。蒸留酒の出現は以後の酒文化に大きな影響を与えることとなった。

これより先にアイルランドでウイスキーの蒸留が始まり、11～12世紀間にポーランドで造られたウオッカが15世紀にはスラブの人たちに普及した。北欧スカンジナビアで造られたアクアヴィット（主原料は馬鈴薯）はスピリッツの原型ともいうもので、キャラウエイなどで香りづけされ、ドイツ、オランダ、ポーランド、ロシア、バルチック諸国に伝播した。一方、アニスで香りづけされたアニセットは、地中海沿岸諸国に広がった。

ビールでは、13～14世紀にホップの栽培が拡大し、16世紀には従来のグルートが衰頽し、ホップビールが主力になった。生産の主力は教会、修道院から民間へと移行した。

紀元1500～1700年頃　17世紀半ばにオランダで造られたジェネヴァ（牡松の実をアルコールに漬けて蒸留）は、後にイギリスでドライジンとして造られるようになった。

リキュール類は、ヒポクラテスの頃からあったといわれ、中国でも薬酒として古くから造られていた。中世になって蒸留技術が進歩しアルコール濃度が高くなるとともに、草根木皮やハーブの抽出やそれらの蒸留によりリキュールは多様化することとなった。ハーブ類の採集は修道僧たちによって行われ、修道院でのリキュール造りが盛んであった。15世紀にはイタリアで、16世紀にはフランスで造られるようになり、それらは今でも造り続けられている。

ワインに草根木皮を加えるヴェルモットは１６世紀に始まった。一方、デザートワインといわれるマディラ、ポルト、シェリーなどもブランデーを利用して造られるようになった。

貴腐ワインは１６世紀にハンガリーで造られるようになり、後にドイツ、フランスでも造られるようになった。またフランスのシャムパーニュ地方では修道士ドム・ペリニヨンが発泡酒を開発した。

１６世紀は大航海時代で、喜望峰航路開拓、アメリカ大陸発見、南アメリカ大陸探検などが相次いだ。新大陸の発見は、玉蜀黍、馬鈴薯、砂糖黍など酒の新しい原料を旧大陸に伝えることとなった。西インド諸島では砂糖黍栽培の普及に伴ってラムが造られるようになった。

中国では黄酒（穀物を糖化して造る。紹興酒や老酒の類）や白酒（原料は高粱、米、麦、稗など。無色透明な蒸留酒）が盛んに造られ、日本では造り酒屋で盛んに酒が造られるようになった。

近世の酒

紀元１７００～２０００年頃　蒸気機関、発電機、さらには冷凍機の開発は、産業革命をもたらし、酒類製造を近代化させることになった。一例として、低温における下面発酵ビールの普及がある。科学の急速な進歩と相まって、パスツールの業績に代表される微生物学の発展に伴う顕微鏡発明、酵母菌発見、単細胞純粋分離法開発などにより閉鎖的な醸造界に近代科学が導入されることとなった。

交通の発達は、酒類の販売を近代化させ、消費を拡大させ、産業としての醸造業を発展させることになった。醸造業が手工業から大量生産の近代工業になり、小醸造所の整理統合が進むこととなった。

産業革命は行政形態にも変革をもたらした。酒の酒類によっては酒税制度施行により免許を受けた者以外の酒造は密造となり、取締り側と密造者の激しい抗争が繰り返されることとなった。その典型がスコッチウイスキーである。

オランダで生まれたジェネヴァは、イギリスでドライジンとなったが、アン女王の時代に庶民層にまで普及し、社会不安をもたらした。

北アメリカでは、ビール、ウイスキー、ラム、ジン、ウオッカの製造が盛んになり、西インド諸島のラム製造も進展した。メキシコでは竜舌蘭（りゅうぜつらん）を原料にしたテキーラが生まれた。また、南アメリカ、南アフリカ、オーストラリア、ニュージーランドなどの南半球でのワイン新興地が台頭してきた。

19世紀半ばにはは根喰虫フィロキセラによりヨーロッパの葡萄が枯死し、ワインは全世界的に壊滅的打撃を被ることとなった。その回復には数十年を要したためワインの模造も盛んになった。これが後のワイン法（生産地域、使用品種、栽培法、最大収穫量、醸造法、熟成条件、アルコール度、試飲検査などの細かい取決め）の成立のきっかけとなった。この間コニャックの製造も激減したため、それまで地酒程度と考えられていたスコッチウイスキーの需要が飛躍的に伸張し、世界的名声を博するようになったといわれる。需要が伸びたもう一つの要因は、この頃発明された連続蒸留機によりグレンウイスキーがモルトウイスキーと調合されたブレンデッドウイスキーが受け入れられたことにもある。

古く中国、北欧、日本などで施行されたことのある禁酒法が20世紀前半（1919～34年）にアメリカで施行された。その間の密造とギャングの横行は社会不安を増長した。

新しい飲酒方法として酒を混ぜ合わせて飲むカクテルがアメリカで始まった。

一番大量に消費されるのはビールで、現在、中国が一位、アメリカが二位となっている。中国では、黄酒、白酒の評価が確立する一方、ビールの消費量が大きく伸びている。

第二次世界大戦の混乱期を経て、戦後から20世紀後半には酒類の消費量は大きく伸びたといえるが、そこには巨大資本による製造販売系列を様変わりさせていったことがある。

日本では、一部の清酒やウイスキーへの添加アルコール、焼酎甲類のための連続蒸留機によるアルコール製造が伸張している。また、清酒の特定呼称が定まり、吟醸酒の伸長が著しい。
世界のワイン事情は最近では大きく変わりつつある。シャルドネやカベルネ・ソーヴィニヨンが各地で栽培され、それらの評価が高くなってきたことである。特に、カルフォルニア、チリ、アルゼンチン、オーストラリア、ニュージーランド、南アフリカなどである。

引用・参考文献（著者五十音順）

・富村伝：文明のあけぼの、講談社現代新書、1988
・ピエール・アミエ（鵜飼温子訳）：古代オリエント文明、文庫クセジュ、白水社、1985
・フィリップ・スミス（河合信訳）：農耕の起源と人類の歴史、有斐閣選書、1986
・矢島文夫：メソポタミアの神話、筑摩書房、1989

2 醸造酒

酒神と神話の酒

民族のそれぞれが神話を持っている。神話の中に出てくる酒は神々の酒宴に使われることが多い。どんな酒でどんな飲み方をしているのか、興味は尽きない。

神話は作られたものであるというと味も素っ気もないものになるが、それは人間の知恵であり、文化でもある。神話には作られた時代が投影されており、そこに出てくる酒にはその時代のものが使われているに違いない。これは酒のルーツを探るうえで大変な重要な情報源といえる。しかし、単に酒と邦訳されていることが多く、その種類を判定できないのが残念である。

エジプトの酒神　オシリス

オシリスとイシスは兄妹で、初めは人間であったが、イシスが先に亡くなり、それを嘆き悲しんだオシリスが冥界に入り支配する。吉村作治(『ファラオの食卓』)によれば、オシリス神は、冥界の神であるとともに豊穣の神でもある。人々に耕作や牧畜などを教えた。毎年ナイル川に起こる恐ろしいが沃土をもたらす氾濫とそれに続く豊作を約束する神であった。

酒神の信仰は、酒のもたらす悪い面、酔っての乱行、自失の行為を律するために人々が生み出した知恵だったといえる。酒神を信仰することにより暴飲を避け、できるだけその効だけを得ようとしたのであろう。エジプトでオシリスが酒神に選ばれたのは、一説によると、ナイル川の氾濫と豊作という相反する二面性と酒のもたらす二面性が一致したためだといわれている。いずれにしても、豊穣と大量のうまいワインとは密接に結びつくのである。

『死者の書』に冥界での人間の生活が書かれているが、この中にビールのことがよく出てくる。例えば、菓子とビールのアアトと呼ばれる場所があって、次のような詩がある。

菓子と麦酒にて霊の活くるアアトよ。大秤、中央に立ち、オシリスの首を秤れり、心臓を秤れり、手足を——云々。

このアアトが有名なのは、四つ裂きにされたオシリスの体をここで秤にかけて、その欠けていないことを確かめ、組み立て直し、生き返えさせる。オシリスは、天の菓子とビールをトト神から与えられて元気を取り戻したことになっている。また、食物儀式があって、台の上には大麦、小麦と並んでビールも置かれる。

極楽の項ではケンケン神が神酒を振る舞うことが書かれている。その霊は、感激のあまり神酒の味をまるで覚えていないということで、どういう神酒なのかわからない。

『死者の書』にある霊界ではビールはよく出てくるが、不思議なことにワインはほとんど出てこない。これはビールの方がより日常的であったためと考えられる(引用した文献には麦酒とあるが、ここではすべてビールとした)。

ギリシャの酒神　ディオニュソス（バッカス）

日本では、酒神といえばバッカスといわれるくらい有名である。実はバッカスはローマの時代の呼び方であり、その前身はギリシャのディオニュソスのことである。酒神といってもワインの神である。ギリシャ神話の中から主に酒に関するところだけを紹介してみる（『ギリシャ神話』）。

大神ゼウスは妻ヘラの目を盗み、テーバイという国の王女セメーレと関係を結んでいた。ヘラは嫉妬の念に燃え一計を企み、セメーレの乳母に姿を変え、セメーレにゼウスの本身を見ることを望ませる。ゼウスの本身を見たセメーレは焼き殺されてしまうが、セメーレが身籠もっていたことを知っていたゼウスは火の中から子供を助け出し、脇腹で臨月まで育てニンフたちに預けた。この子がディオニュソスである。

ニンフのヒュアデスたちに育てられたディオニュソスは成長の後、葡萄の栽培法と果汁の搾り方を考え出した。しかし、ヘラは彼の気を狂わせ、追い出した。彼は国々をさすらい、インドの方まで行った。そして、至る所で葡萄の栽培法やワインの造り方を教えたといわれる。

ディオニュソスの若い頃の逸話の中に、

> 悪い船乗りたちが彼を捕まえて売り払おうと企み、船柱に縛り付けたところ、その柱から葡萄の蔓が蔓延(はびこ)り、葡萄の房が垂れ下がり、芳(かぐわ)しいワインの匂いが流れた。船乗りたちは驚き恐れ、海に飛び込んだところ皆海豚(いるか)になってしまった、

というのがある。このモチーフは、今でもいろいろなことに使われている。

彼はギリシャに帰って女神レアに授けられた自分の信仰を広めようしたが、それは大変熱狂的なもので、無秩序と狂乱もたらすとして時の為政者より禁止された。

『ギリシャ神話』（山室静訳）では次のように述べられている。

ディオニュソスが酒の神であってみれば、一方で自由解放の喜びを与える面をもち、他方で狂気と破壊の野蛮にずり落ちる面をもつのも、不思議でないかもしれない。だからこの神の崇拝には、人間を神的に高揚させると共に、血なまぐさい獣性に誘いこむ危険性もあった。

また、

　彼はまた葡萄の神として、冬には枯れ、春になるとまた芽をふく神であり、死んではまた甦る不死の生命をもつ神として、キリスト教が入ってくる前の古代世界の人たちに、大きな慰めを与えたらしい。

ディオニュソスは演劇の神でもある。『パンとワインを巡り、神話が巡る』（白井隆一郎）によると、クレタ島の遺跡からワインの神の前は蜂蜜酒の神であったという。

ギリシャ神話の中に次のような話がある。へーラにへーべーという娘がいて、彼女は神酒を神々に注いで回る役であった。ある日、酌をして回っている時、転んだことから辞めさせられた。ゼウスがその代役として見つけ出したのがトロイアのガニュメーデスという少年であった。ゼウスは大鷲に姿を変えてイーデー山で遊んでいたところをさらってきた。ゼウスはこういっている。

　天井の美酒（うまざけ）を注げ、イーデー山のガニュメーデスよ。そしてダイダロスの作った盃を火のごとくなみなみと満たせ。

このことから、酌をする専任の少年、少女がいたこと、酒の表現が「うまざけ」ということ、盃に満たすことなどが注目される。

中国の酒神　儀狄と杜康

１９８８年７月１３日付『毎日新聞』夕刊に、

中国醸造六千年最古の酒器発見：中国新聞社電によると、中国の考古学関係者が最近発見した西省眉県の約六千年前の原始村落遺跡から中国でこれまで見つかった中では最も古い酒器が出土した。また黄河の支流、渭水の流域に位置する眉県馬家鎮楊家村のヤンシャオ時代の遺跡から出土したのは土器製で、中・小の酒杯、ひょうたん形の酒瓶など十点。小型の酒杯は現代の酒杯とよく似ている。このことから、中国の醸造業は五千年の歴史があるとされてきた定説が覆され、さらに一千年も古く、ヤンシャオ時代からと確認された、

とある(以前から青銅の酒器が多く発掘されていた)。

一方、長江文明が新たに認識され、中流域の湖南省の遺跡から一万年前の炭化米が発見されている。中国の歴史は三皇五帝(伝説上の8人の帝王。諸説あるが、三皇は伏羲、女媧、神農、五帝は黄帝、帝顓頊、帝嚳、帝堯、帝舜というのもある)から始まると伝えられる。神農は農業の神とされ、鍬、鋤を作り、その用法を教え、漢薬や易の卦をつくった。また音楽の神、商業の神ともされている。しかし、不思議なことに酒に関する逸話が出てこないようである。

さて、王朝時代に入って、夏王朝の始祖である禹(う)の時代なって、禹は舜に命じられた治水に成功したように、洪水神であると同時に創世神的な面もあった。つまり何でも禹が始めたことになっている。とはいっても、禹自身が始めたのではなく、その時代に家臣の誰かが考案したものであろう。酒はどうであったのだろうか。

『通俗十二朝軍談』に、禹以前の酒は醴(れい)・酪すなわち乳漿であるから、飲んでもなかなか酔わなかったという記述がある。このことからも昔の遊牧時代には乳酒があったという可能性は高い(77頁参照)。

『漢事始』に、

酒経に伝ふ、空桑飯を穢(けが)して、醞(おん)に稗麦を以てして醇醪(じゅんろう)をなす。これ酒の始め也、呂氏春秋に云ふ、儀狄(ぎてき)酒を造りて五味を変ず、戦国策に云ふ、儀狄酒を造る、博物誌に云ふ、杜康(とこう)酒を造る、

玉篇にも、酒は杜康が造る所と云へり、

とある。

『陶淵明集述酒詩』の序に、

儀狄酒を造り、杜康これを潤色す。黄帝内伝にいう、王母会山にして黄山にあい、帝にすすむるに、護神、養気、金液、流暉の酒を以てす。又延洪壽光の酒あり、しかれば黄帝の時すでにその物あり、古より今に至るまで、杜康始めて酒を造る事といえども何代の日という事をしらず、

とある。

『戦国策』に、

昔、帝の女は儀狄をして酒を造ら令め、而して美なり、之を禹に進む。禹飲みて甘しとし、遂に儀狄を疎んじ、旨酒を絶ちて曰く、後世、必ず酒を以てその国を亡ぼす者有らん、

とある。つまり、酒は旨いので溺れると国を亡ぼすと警告している。この予言は、17代目の桀(けつ)王が酒色に溺れ湯(とう)に滅ぼされたこと、さらに、商から殷(いん)の時代になり飲酒が盛んになり、30代目の紂(ちゅう)王は酒池肉林の言葉を残して滅亡したことを予言している(紀元前1050年)。

宗竇革(そうばいかく)は、『酒譜』(中村喬訳)の中で、

世に言う酒の始め其説三あり、其の一に伝く、儀狄始めて酒を造る、禹と時を同ふす、されども堯酒千鐘といへば、酒は堯の時すでにあり、禹の時に始まるにあらず、其の二に伝く、神農の本草に、酒の性味をあらはし、黄帝の内経にも、又酒の病を到す事あれば儀狄に始まるにあらず、其の三に伝く、天に酒星あれば、酒の始まる事天地とともにせり、予おもふにこの三説共に以て拠あるとするにたらず(中略)。然れば、則ち酒は果して誰にか始まりとせんや、予おもふに、古への智者これをつくりて、天下後世これに循(したが)ひてよく廃つる事なし、故に聖人も人の同じく好む所のものを絶たず、郊廟享燕に用ひて以て禮の常とし給へり、古へは飲食する時に臨んで、飲食を始めし所

の人を祭る、然れ共其の始めて酒をつくれる人をばただ先酒とのみ云ひて、誰とすと云ふ事を伝はざる時は、古へより其の事詳ならざるなるべし、

とある。つまり、諸説あるが、いずれもあやしい。昔、智者が酒を造ったのだろうが、誰がということはわからないということである。

『中国の酒』（大谷彰）にも、

中国では酒造りは、禹の時代に始まったとされているが、禹の存在をはっきり証拠だてるものはない。しかし、この時代以前に組織的酒造が行われていたことは確実であるということだ。想像をたくましくするなら、儀狄にしろ杜康にしろ、彼らは糖化と発酵力の大きな麹の発明者、天才的な酒造工人ないしは、酒人の集団であったのではないかと思う、

とある。

杜康の墓と伝えられるものが西白水県にある。文化大革命の時に破壊されたが、最近再建されたという。杜康について『酒話』（万国光）から引用する。

杜康は陝北高原南部と関中平野に接した白水県の人である。白水県は歴史的名所で、四大賢人の遺跡が残っている。そのうちの一人が杜康なのである。彼は字（あざな）が仲宇で、康家衛の出身で醸酒が得意だったと白水県志にある。この小さな村は今でも残っているが、その周辺には長さ10キロメートル、最大幅100メートル、最深約100メートルの川がある。これは「杜康溝」でその源には「杜康泉」がある。杜康はこの泉の水を使って酒を造ったという。この泉の近くに直径6メートル位の土岳があって、周りが垣でかこまれているのが、杜康の墓である。杜康の出身地などについては伝説にすぎないと思われるが考古学者によると、この辺りには商周時代の建物の遺跡があり、大昔からの銘酒産地だったと証明された。また、醸造専門家の化学分析から杜康泉の水質は醸造用水に適している。

洛陽は昔、周朝の都であったが、ここにも杜康の伝説がある。彼は南部の伊川、汝陽で酒を造ったという。『伊陽県志』に「俗伝杜康造酒於此」とある。また、万国光は、

> 杜康は白水県に生まれ、醸酒技術を発明して、後に洛陽に行ってその南部にある酒に適した川水で酒を造ったのだろう、

と推測している。

なお、弁当の飯が半月後に発酵したことから酒造りを杜康が考えついたという説もある。

日本の酒神

宮崎県の高千穂に夜神楽という行事があるそうで、その中に伊邪那岐命と伊邪那美命の和合の場面がある。ここで二神は酒造りに励み、その酒を飲んで酔っぱらった後で和合することになる。後世の作り話であろうが、興味を惹かれることである。

また、有名な天照大神の天の岩戸隠れの神話で、神神が岩戸の前で宴をはり、宇受売命の裸踊りに神々が大笑いし、その騒ぎに大神が岩戸を少し開けたところを手刀男命が岩とを開いて外にお出ししたという説話がある。しかし、神々が酒を飲んだとは書かれていないが、酒のない宴は考えられないといえる。文書に出てくる酒は、『古事記』の神代記の素戔嗚尊が八岐大蛇を退治した時に造らせた八塩折之酒である。これは、『日本書紀』にもあり、八醞酒となっている。

酒を初めて造らせた神を酒神とする考えがあるが、素戔嗚尊は荒ぶる神だったせいか酒神とされていない。筆者は、この酒は果実の酒ではなくて木の実の酒と推理している。

『古代造酒』によれば、

> 大物主神又は大彦神を以て造酒の神とし、此二神造酒の法を広く人民に教経給ひし由を記し、

とある。また、荒木田久は、

大物主少彦名の二神が酒を造り始めしより薬神と申し伝ふる、

ことを述べている[『天下の芳醇』（桐島昇一）]。

『和歌枕詞補注』、『播磨風土記』の二書にも、大物主神を以て造酒の神としているという。『酒史新編』には、

大宮売神は大物主神なりとし、

また『古事成文』には、

少毘古那神を以て久斯の神とし云々、

とある（久斯は酒のこと）。

桐島昇一は、これらの旧記に拠って考えて、酒造の方法は大物主、少彦名の二神の創意になるようだとしている。

『日本の酒５０００年』（加藤百一）に神社と酒との関わりについて詳細に調査した結果が述べられている。まず、酒の神を４つに類型化している。

①記紀神話に現れた酒神
②賓客型の酒神
③原初の神
④掌酒型の神人

この類型に属する神と神社を列挙すると、次のようになる。

①大山津見神（大山祇神）と神阿多都比売（神吾田鹿葦津姫）：別名は酒解神と酒解子で、京都市の梅宮大神に祀られる。
宗像三女神、つまり多紀理毘売命、市寸島比売命、田寸津比売命：福岡県沖の島の宗像神社に祀

られる。

大物主神（おおものぬしのかみ）、大己貴神（おおなむちのかみ）、少彦名神（すくなひこなのかみ）：奈良県桜井市の大神神社に祀られ、三輪山全体が神体とされる。

大山咋神（おおやまくいのかみ）：大津市の日吉（ひえ）大社、京都市の松尾大社に祀られている。

以上の中で今日の清酒酒造家が敬うのは、松尾大社、大神神社、梅宮大神である。

② 豊受大神（とようけのおおかみ）(豊宇気毘売神（とようけひめのかみ）)：天女羽衣伝説。伊勢神宮外宮に祀られている。

神櫛王（かみくしのみこ）：紀伊、讃岐地方に酒造を伝える。坂出市の城山神社、琴平町の櫛梨神社に祀られている。

酒人王（さかとのみこ）：酒造指導。岡崎市の酒人神社に祀られている。

久斯之神（くしのかみ）：平田市の佐香（さか）神社に祀られている。

③ 酒水：京都府船井郡の摩気神社、鈴鹿市の酒井神社。

酒甕：埼玉県児玉郡の甄𤮕（みか）神社。

④ 高橋活日命（たかはしのいくひのみこと）：掌酒。桜井市三輪町の大神神社(活日社)に祀られている。

日本の酒神は枚挙のいとまがないぐらい多く、古くから多くの神社で神事として酒を造ってきた。

メキシコの酒神とプルケ酒

ナワ族の神話伝説の中に蜘蛛の災いというのがある。この中に出てくるケツァルコアトル神は、ナワ族の神話では恐ろしい威力を持った神で、人間に火を与えた。

ケツァルコアトルがトルテカ人の王であった時には、すべてがうまくいっていた。これを嫉んだアステカ族の神テスカトリホカが自分の姿を蜘蛛に変えて、ケツァルコアトルにプルケという酒を勧めた。ケツァルコアトルはこれを飲んで旨いと思い、毎日飲み続けた。その結果、心が荒んできて、不幸となり、その地を去り、結局は焼死する。そして、その心臓が空に飛び金星となった。

この中に出てくるプルケは、アステカ帝国の神に捧げる神聖な酒で、メキシコの伝承の酒であり、神話に出てくる酒が今でも飲まれているという珍しいものである。

『酒造りの民族誌』の中の「神々への捧げもの、プルケ酒」（山本紀夫）によると、原料として大型の竜舌蘭（*Agave atrovirens*）が使われ、開花の直前に花茎を元から切り取る。そこに滲み出てくる樹液を集めて発酵させる。アルコール分は5～6％である。ことに、この発酵を行うのは酵母菌でなく、ザイモモナス（*Zymomonas*）というバクテリアであることが興味深い。

蒸留技術が伝来してからは、プルケは蒸留されてメスカルやテキーラとなる。

伝説の酒

猿酒伝説

猿が山の木の実を集めて、それが自然に発酵して酒となる。つまり、猿が造る酒、猿酒である。このような話は中国の南の島々と日本にあって、他の地域にはないことは興味深いところである。『黄土に生まれた酒』（花井四郎）によれば、中国大陸には猿酒の話の類はない。また、古くからワインのあった地域にも猿酒伝説はない。もっともヨーロッパには猿が生息していなかったようで、わずかにジブラルタルに野生の猿がいるということである。

猿酒は、偶然の所産として完全に否定できないとする人もいる。しかし、漿果類とか山葡萄などの高い糖分を含み、皮の破れやすいものだけを集めることの偶然性（猿には食べ物を保蔵する習性はないといわれる)、それが腐敗よりもアルコール発酵が先行する偶然性、それを人間が見つけ酒造りのヒントを得たという偶然性などを考え合わせると、猿酒があったということはきわめて確率の小さいものといえる。むしろ、中国での、猿に酒を少しずつ与えて酔っぱらわせて動けなくして捕らえるという話や、猩々(しょうじょう)が大酒飲んで踊り出すという話の方がおもしろい。

以下、中国と日本の猿酒伝説を並べてみる。

明代の李日華の『紫桃軒又綴』の中には次のようにある。

黄山には猿が多く、春夏にたくさんの果実を石の窪みに集め、それが酒になる。香りが数百歩離れた所まで届く。樵がこれを見つけ飲んで楽しんだ。たくさん飲んでしまったので猿がこのことに気付き、この樵をなぶり殺しにしてしまった。

清代の李調元の『広東筆記』には、次のようにある。

海南島には猿が多く、かつては岩石の多い所で猿酒が得られる。味は辣く、これを得ることはきわめて難しい。

また、『広西偶記』には、次のようにある。

平楽には山中に猿が多く、百花を集めて酒を造る。樵が山に入ってその巣穴で酒を見つけることがある。その量は数石にも達する。飲むと香りは美しく、常とは異なっている。これを猿酒という。

『酒文献類聚』には、日本の3編が記載されている。

『俚諺集覧』　猿酒。猿の甘酒とも奥州南部辺にありと云ふ。猿が木の控へ木の実を入おきて製して人見つけて是をとると云へり。

西沢文庫『皇都午睡』　木曽の猿酒、岐蘇の猿酒は以前信州の俳友より到来して呑たるがこは深山の木の股節穴などの中へ猿秋の木の実を拾ひ取運び置くたる雨露の雫に熟し腐るを山賎見出して持返り麻の袋へ入絞りし物にて黒く濃して味渋みに甘きを兼ていかさま仙薬ともいふべき物也。

『嬉遊笑覧』　秋坪新語。忠州山中黒猿善醸酒ことを載す。酒といへりみさごすしに対すべし。

幻覚の酒

ソーマ酒

インドのインダス文明は紀元前3000年頃に始まったといわれる。この文明を築いた人々はモヘンジョ・ダロやハラッパーやドーラ・ビーラーなどの水の要塞都市を築いた。これらは目下発掘中で、その成果が期待されている。彼らが酒を持っていたかどうかは不明であるが、発掘物からメソポタミアや中国との交流があったといわれている。したがって彼らはビールやワインを知っていたとも考えられる。

紀元前2000年頃から中央アジアの高原地帯で牧畜生活を営んでいたアーリア人が南および西南の地方に移動を始めた。一つは、アフガニスタンに入り、カブール川の渓谷を経てパンジャブに入った。他の一つは、イラン地方一帯に入ってイラン人になった。この兄弟関係は、両者の古聖典である『ヴェーダ』と『アヴェスター』の中にある神名や用語の類似からもうかがうことができるという。

アーリア人は、人種上コーカサイドであり、遊牧民であったことから乳酒を持っていたかもしれないし、イランでは既に葡萄が栽培されていたらしいのでワインに接していたかもしれない。

インドの最古の文献である『ヴェーダ』の中でも最も古いのが『リグ・ヴェーダ』である。これはアーリア人の宗教、神話、生活態度を伝えている。長い間に書かれたもので、およそ紀元前1200年頃に成立したものといわれている。この『リグ・ヴェーダ』の中にソーマ(Soama)が書かれている。

神々の中でも特に重んじられたインドラの神にソーマは捧げられたとある。インドラは武勇神であり、英雄神で蛇形の悪魔ヴィリトラを退治する時に神酒ソーマを飲んで英気を養った(仏教では帝釈天と呼ばれる)。

ソーマ酒は、『リグ・ヴェーダ』の各所で書かれているが、ソーマという植物の茎から採った液と牛乳、バター、麦粉を混ぜて造るとある。『リグ・ヴェーダ』の時代は、特別な祭りでは盛大な饗宴が開かれ飲酒も盛んであった。ソーマは重要な供物であり、神格化されていた。

祭りでは、まずソーマの茎を水に漬け、手の指でよく洗ってふくらませ、その茎を毛皮を下敷きとした石の上に置き、手に持った石で叩いて液を流出させる。次に木台の上にパヴィトラ(羊毛の水濾し)を載せ、ソーマの液(芳香ある黄褐色)を汲み入れ、濾過する。濾液は舌を刺す味を持っているため、牛乳、大麦を混ぜる。

ソーマ液は一種の興奮飲料で、飲むものに陶然たる快感を与え、人々は供物の残りを飲んで長寿を願った。また、ソーマは人間に栄養、活力を与え、心身を強くし、戦う人々に勇気を授け、子孫を繁栄させ、病気を癒し、寿命を延ばす効果があるといわれた。また、詩人がソーマによって霊感を得て、詩想を豊かにすることが特に強調されている。

ソーマは一体、酒であったのかどうか。造り方の中に発酵の様子が出てこないので判然としないが、古代の酒にはこのようなことが多い。発酵現象がはっきりわからなかった時代では当然のことであろう。濾したソーマ液も発酵が可能なことは否定できない。椰子の場合も樹液は1～2日間で発酵できる。大麦を混ぜることもソーマに糖化力があれば一段とアルコールも高まることになる。ソーマがビールだったという説もある。また、牛乳を混ぜることから乳酒という説もある(アーリア人は元は遊牧民であった)。ほかに蜂蜜を混ぜることからミードという考えもある。

とにかく、ソーマ酒は神酒であったが、人間が飲めば興奮剤として作用したらしいが、現在のマリファナのような効能が想像できる。

ソーマは山地に自生した灌木の一種らしいが、幸いなことに現在手にできない。つまり、植物学的に本体を明らかにすることもできない。

ハオマ酒　ゾロアスター教におけるハオマ酒(Haoma)とは、一体どんなものであったろうか。古代インドの『リグ・ヴェーダ』にあるソーマ酒に類似のものと考えられている。ゾロアスター教の聖典にあるハオマは、ドウーラオ、つまり「死を遠ざけるもの」とされ、健康と活力を付与するとされた。

『ゾロアスター教の神秘思想』（岡田明憲）によれば、ハオマの実体は早い時代から不明となり、種々の学説がある。いずれにしても、この飲料が強い幻覚を惹き起こすものであるとの点では一致している。ゾロアスター教の説く不思議な光景は、このハオマの喫飲によるものといわれる。

ハオマ樹は、東西の神話に広く見られる宇宙樹で、生命の水であるという。ソーマに似てハオマも単に物質的なものではなく霊的なもので、その起源は不可視の天界にあるという。『ヴェーダ』のソーマが天界に起源し、霊鳥によって地上に運ばれたように、ハオマも鳥と密接な関係がある。アスナワント山のハオマの枝は、大天使により鳥の夫婦に預けられる。このハオマの枝が臼で搗かれて牛乳と混ぜられハオマ酒になる。

松本清張はゾロアスター教が斉明天皇の頃に日本に入ってきたと考え、ハオマに大きな関心を持っていた。『火の路』という作品は、ゾロアスター教が中心になっている。

『毒の話』（山崎幹夫）の中で『ペルセポリスから飛鳥へ』（松本清張）を引用して、

紀元前1200年もの昔から燃やし続けてきたという聖火の前での拝火の儀式の後、祭司は松本を別室に導いた。ここで、祭司は松本の眼前でハオマの酒をつくり始めた。部屋の広さは20畳ばかり、出入り口のほかは三方白壁に囲まれ、調度品は何ひとつない。祭司は壁際に胡座（あぐら）をかく。アヴェスターの中の「ヤスナ書」の一部「ガーシ」を唱えながら、二つ並んだどっこの股に石榴（ざくろ）の小枝を挟んでいった。そのあと銅の小鉢に入れ、ある種の小枝を加え、金属棒で上から叩きつぶす。液汁は濾過後大きな鉢にためる。茶褐色の液汁である。風化して黒くなった銀の盃で飲んだハオマの液汁は濁ってどろりとしており、舌の先で味わうと、味はなく、わずかな苦みとかすかに薄荷（はっか）の匂いがした。これがハオマかと祭司にきくと、そうだと答えた。ハオマは何の木からつくるのかときくと、赤い木から採れるという。その植物の名は何かと再度尋ねても、繰り返し"フーム"とのみ答え、

通訳にもその意味はわからなかった、

と記している。フームは真っ直ぐな茎状の植物であったという。この記録からはハオマの本体は酒とはいえない。

『毒の話』ではさらにハオマ酒の本体を植物学的に説明している。大麻らしいという説、紅天狗茸(べにてんぐたけ)に類する茸という説、石榴説、エフェドラ説などがあげられている。

また、松本は、エクスタシー症状、幻覚症状を引き起こす麻薬的要素があったことは、「ヤスナ書」の文句からみても確かであると考えていた。原料はインド大麻が用いられたかもしれないという。

石榴説について先の『毒の話』から引用する。オーストリアのテレビ映画でゾロアスター教の祭儀を撮影した際の台本に、

ハオマは石榴の一種で、コーヒー、タバコ、アヘンと同じように心臓の動きを刺激し、血圧を高め、中枢神経を興奮させる作用がある、

と書かれている。また、ハオマ酒をつくる手順を、

まず、山羊の乳と水を混ぜ、その中にハオマの小枝を挽いた物を入れ、発酵させる。それを13ヶ月と13日間ねかせてから、火を通して清める、

と説明している。ここで初めて発酵という言葉が出てくる。

エフェドラ説では、ハオマが麻黄(まおう)であるという。伊藤義教(『アヴェスター』)は、ハオマはエフェドラ・ジェラルディアナあたりではないかとしている。それは30~60センチメートルの直立低木で、葉のない対生する枝がやや黄色の花に覆われると、黄金色に見える。また、枝から搾った液も同色なので、『アヴェスター』でハオマをザリ・ガオナ(黄金色の)といっていることとよく一致するとしている。麻黄

の主成分はエフェドリンで、喘息の特効薬であり、興奮作用を持っている(長井長義が構造決定)。『中央アジア踏査記』(A・スタイン)の楼蘭の発掘についての記述によると、

これらの墓で発見された遺物が如実に物語っているのは、楼蘭の半放浪性の部族が、文明や生活様式の点で、かの古代の公道を往来するシナ人といかにかけはなれていたか、ということだった。特に興味ある点として、粗い毛織りの屍衣の中にかならず束にして納められていた小枝が、実はエフェドラ種の植物であることが判明したことである(中略)。ひどく苦い味のするこの植物が、ゾロアスター教のパルサー派の間でどうして使われるようになったかは、たいへんな謎だったが、とにかく、古代アーリア人の経典で、神にも人にも貴重な、酔いをもたらす甘い飲料として讃えられいる。聖なるハオマやインド産ソーマの樹液の代役を果たしていたのだ。

ソーマやハオマのような幻覚の酒が古くから消滅していることは人間にとって幸せなことである。

インドの古酒

スラー酒　古代インドの文献にあるスラー酒(Sura)は解明されていない部分が多かったが、『酒造りの民族誌』の「古代インドの酒スラー」(永ノ尾信悟)により明らかにされた。古代の酒が詳細に記述されているのは大変珍しいことである。

スラーについては古くは山崎百治(『東亜醗酵化学論攷』)の記述がある。

ソーマ酒に次いで重要なものはスラー酒で、其製法は発芽野生稲に、牛乳凝固物をバター、ミルクに浸漬した大麦の粗粉と微炒した大麦とを加え、発酵させる。

また、インディラがソーマ酒に悪酔いし、吐き出したものがスラー酒であるともいう。

永ノ尾は、紀元前1000年後半に成立したといわれる3つの文献『バウダーヤナ・シュラウタスー

トラ』、『アーパスタバ・シュラウタスートラ』、『カーティヤーヤナ・シュラウタスートラ』から引用し、次のようにまとめている。

スラーは大麦芽、稲芽、豆芽などの発酵材にさらに玄米粥、その重湯そして炒り玄米あるいは大麦粥や炒り大麦を材料としたかなりドロドロした飲み物である（飲むときは多くのミルクを入れる）。

スラーは古代インドのヴェーダ儀礼の際の供物であり、民衆にも広く飲まれていた。ヒンドゥー教の普及により飲まれなくなったという。このほか、古代インドには多くの酒があった。永ノ尾は、メーダカ、プラサンナ、アーサヴァ、アリシタ、マイレーヤ、マドーをあげている。

伝承の酒

中国の古酒

中国の酒の歴史は７０００年前からといわれている。山崎百治（『東亜醗酵化学論攷』）によると、周易～書経～詩経時代には、秬鬯（きょちょう）（くろびきの酒）、清酒（清澄な酒）、湑（しょ）（糟を除いた酒）、春酒（春に醸した）、漿・酒漿（糟を除かぬ酒）があった。

禮記時代には、玄酒（黒色の酒）、醴（一夜酒）が現れる。周禮時代には、さらに事酒（祭礼時に飲まれた濁酒）、昔酒（古酒、やや薄濁）、清酒（長く貯蔵した澄んだ酒）がある。晋代（２６６～４２０年）になると、各地方で使われた原料と麹、華北（黍、粟、餅麹）、華中（稲米、酒薬と小麦麹）、華南（糯米、草麹）があげられている。

北魏～斉時代（３８３～５３４年）には、三国志の魏の曹操が造酒に関心があったという。この時代に農業全書『斉民要術』が530〜550年に賈思勰によって書かれ、その巻七には酒造りの技術的な内容が述べられている。その一部を紹介する。

餅麹を砕いて水に投ずる水麹法が造酒の開始である。小麦を粉または粗粉にして、炒り、蒸し、生の三様の操作を加えたものに、各種の草汁を入れて餅にし、これに黴を繁殖させ乾燥させる。麹には、神麹と笨麹とがあって、神麹には4つの方法がある。粗(笨麹)は炒麦のみを使う。酒造の要点としては、水麹をして蒸米を分割投与するという現在の日本酒の造りと相似している。麹には酒を加えること、臥醗の開発などの特徴が示されている。

9種の麹があり、これらの麹を使った26種の酒の造り方が述べられている。春酒、頤酒、河東頤白酒、桑葉酒、白酒、濁酒、もろこし酒、うるちきび(粳黍)酒、あわ(粟)酒、九醞酒など。他に春酒麹を使う法酒(官法酒)の造り方もある。この名の酒は現在朝鮮半島にある。

唐代の酒は甘かったといわれる。9種の酒があった。米の酒は上物とされた。醆(微清の酒)、醥(清酒)、醠(濁酒)、醦(苦い酒)、酏(甘い酒)、醍(紅い酒)、醹(濾した酒)、醽(緑酒)、玄鬯(醇な酒)。

宋代の酒(960〜1279年)の文献として山東省の竇苹による『酒譜』(1084〜91年)がある。さらに朱翼中の『北山酒経』(1116年)がある。この書の上巻の酒造哲学、中巻の麹の造り方、下巻の酒造法の三部からなっている(煮酒、つまり熱殺菌法が記載されている)。酒の種類としては、瀑酒、白羊酒、地黄酒、菊花酒、酴醾酒、葡萄酒、猥酒、武陵桃源酒などが述べられている。

17世紀半ばに江西省の宋應星によって『天工開物』が書かれた。その巻17が醸造編である。よく引用されるのは、

昔は麹で酒を造り、蘖で醴をつくったが、後世には醴の薄いのを嫌って、次第にその製法がわからなくなり、同時に蘖の製法も滅んでしまった。

これは後述する麹蘖論争の種になった。

マルコ・ポーロの見た酒

マルコ・ポーロらが東方に旅したのは13世紀後半であった（1260～1295年）。マルコは酒好きであったのか、『東方見聞録』（清水一夫訳）に誌された多くの知見の中に東洋各地の当時の酒についての記事がある。その中から興味深い物を引用してみる。

ホルムズ市（ペルシャ湾の入口）では、棗椰子などの果樹があり香料入りの棗椰子の酒ができるが、なかなか旨い。慣れぬ人とが飲むとひどく酔うし、すごい下痢を起こす。しかし、まもなく旨いと感じるようになり、太る。カシュガル王国、サマルカンド市、ホウタン市、これらには葡萄園、葡萄酒がある。

タタール人の風習の中で、彼らには家畜から得られる乳の酒があり、飲物は馬乳から我々が白葡萄酒を造るのと同じように造られる。これはクミーズと呼ばれ、まったく結構な飲物である。

フビライの供宴には葡萄酒や香料入りの飲物が飲まれた。

カタイ人の大部分はある種の酒を飲む。米を醸し、香料を加えたもので、よく澄んでいて、旨い。非常に強く、早く酔いがまわる。カタイの西部および西南部では太源府では葡萄畑も多く、葡萄酒が造られ、カタイ地方唯一の産地で、ここから広く国内に供給される。

邛都（建昌、四川省西昌県）では、小麦と米で醸造し、香料を加えた酒があるが、なかなかいける。丁子も繁茂している。生姜、肉桂その他の香料もできる。

雲南府では米で酒を造るが、澄んだ旨いものである。ザルダンダン地方、首都をヴォチャン（永昌）といい、米を醸し、香料を加えて造った酒が飲物だが、味は良い。カウジグ（ラオス）では、米と香料とで酒が造られる。貴州省でも米と香料で酒を造る。

カタイの南部はマンジで、首都キンサイ（杭州）では見事な果物（梨、桃）がある。土地の人は米と香料で造った酒を愛用している。

小ジャヴァ島（スマトラ島）では、飲物はある種の樹から採るもので、その樹の枝を霧口の下に大きな容器を受けておく。滴った樹液は一昼夜で容器にいっぱいになる。この酒はなかなかのもので、白赤と両種がある。すばらしい薬効があり、膵臓、脾臓の病気などに特効がある。樹は小さな棗椰子に似ている。枝を切っても樹液が出なくなると、根元に水をかける。すると間もなく再び樹液が出るようになる。セイロン島でも同じ樹液の酒を飲む。ザンジバル島、アデンの東のエシェル市では砂糖、米、棗などで酒を造っている。

以上のマルコポーロの酒の記事から筆者は次のようなことを考える。ペルシャはもちろんのこと、太源ではワインが造られ、他の地方へ輸出し、フビライも供宴にはワインを使っていたことがわかる。一方、カタイ(元)の人々は米を醸し、香料を加えた酒を飲んでいた。しかも澄んだものとある。このことは、日本の清酒との関連を考えると大変興味深い。日本では澄んだ清酒は江戸時代からであるのに、中国では元の時代には既に普及していたわけである。

もう一つの興味は、酒に加えた香料のことで、マルコ・ポーロが記した香料とはどんなものであったろうか。当時、ある地方では丁子とか肉桂も栽培されていたから、そのようなものを使ったのかもしれない。ヨーロッパ人の使う香辛料は、インドはじめ東南アジアが資源地であり、マルコ・ポーロたちの目的の一つは香辛料の調査であったろうから、彼らなら匂いを嗅げばどんな香料を使っているかわかるはずなのに、香りの種類の記録がないのは不可解である。中国の酒の複雑な製法のために香りの分別ができなかったのかもしれない。

また、スマトラにあった樹液の酒が興味深い。おそらく甘椰子の液だろうが、普通は花梗を切って、切口から出る液を集めるのだが、マルコ・ポーロは枝を切るとしているのは、どこかで間違えて伝えられたものと思える。

マルコ・ポーロが酒についていくつかの記録を残してくれたことは貴重である。しかも、酒の旨さとか酔い方にまで触れていることがおもしろい。マルコ・ポーロより前に１２５４年にフランシスコ派の僧ルブルックがフランス王ルイ九世の命でモンゴルの都カラコルムに達した。その旅行記の中で、大ハーンの宮廷、そこには銀製の大樹がたてられ、4つの枝からそれぞれ異なった酒が吹き出すとある。この記録もかなりお伽噺話のようであるが、おもしろい。

これらに反して、玄奘三蔵法師の大唐西遊記には法師自身が酒の飲めない立場のせいか、酒についての話がない。ただ、突厥王の供応の際、葡萄汁を飲まされ、これが幾分発酵していたらしく、困ったというところがある。また、コロンブスの新大陸発見の旅行記でも、これも彼が酒が飲めない方なのか酒の記録が見あたらない。

中国の現代の黄酒(ほあんじおう)

黄酒の過半数は中国南部で造られる。そのうち最も多いのは浙江省である。紹興酒、紅麹酒、山東黄酒、山西黄酒の4つに分けられる。主な黄酒と産地は次のとおりである。括弧内は色調とアルコール濃度(%)である。

浙江省：紹興酒(黄褐色、15)、寿生酒(黄金色、16)、
福建省：沈缸酒(赤褐色、14・5)、福建老酒(黄褐色、15・5)、葺莉青酒(赤褐色、17)
山東省：即墨老酒(黒褐色、12)
遼寧省：大連黄酒(12)
江西省：九江封缸酒(琥珀色、16〜18)
江蘇省：丹陽封缸酒(琥珀色、14)、恵泉酒(琥珀色、18)、醇香酒(赤褐色、16)
広東省：珍珠紅(濃赤褐色、16〜18)

中国の酒を語るには、独特な麹(現在は曲と書く)を理解する必要がある。麦麹、小麹、米麹が黄酒に、

大麹、小麹、麩麹は白酒(蒸留酒)に使われる。

麦麹は、小麦を挽き割りにし、水を混ぜ木の枠に入れて固め煉瓦状にする。これを麹室の中で積み上げて約一ヶ月置く。原料を加熱していないのでリゾプス属(クモノスカビ)が優先的に繁殖する。小麹は、酒薬とも呼ばれる。米粉に薬草と柳蓼の粉を混ぜ、3センチメートルぐらいに固め、リゾプス属の繁殖を待つ。大麹は、挽き割り麦を煉瓦の2倍ぐらいの大きさに固めて麹にしたものである。

これらのほかに紅黴のモナスカス属の繁殖した紅麹(アンカー)もある。

黄酒の中でも、紹興市で造られる紹興酒(しゃおしんじおう)が量的にも多く、海外にも知られている。これはさらに元紅酒(ゆあんほんじおう)、加飯酒(じゃふあんじおう)、善醸酒(しゃんにゃんじおう)、香雪酒(しゃんしゅえじおう)に分かれる。紹興酒は2000年の歴史を持つといわれる。

元紅酒の製法は複雑である。仕込みは淋飯諸味、漿水、攤飯(たんふあん)、破砕大麹で行う。水は鑑湖の水を使う。約10日の主発酵の後、25L容の瓶に分注し、屋外に積み上げて後発酵させる(アルコール分は16~17%)。この後、搾酒して清澄させ85℃以上で熱殺菌し再び瓶に詰め漆喰で塗り固めて3年以上熟成させる。

淋飯醪は、餅米を蒸し、水をかけて淋飯をつくる。これに破砕小麹を加えて瓶(かめ)に仕込む。糖化と発酵が始まり、これに大麹と水を加え約2ヶ月発酵させる。

漿水は独特なもので、500Lの瓶に餅米を水に漬けて放置しておくと、乳酸敗が起こる。この方法は、沖縄の泡盛で行われていたシー汁や清酒の菩提酒母に伝播したものといえる。米と水を分けて、米は蒸して冷やす。水を漿水、米を攤飯という。

元紅酒よりも餅米を10%以上多く使用し、発酵日数も3ヶ月ぐらい行ったものを加飯酒という。元紅酒を水の代わりに使ったものが善醸酒である。粕から採った焼酒が香雪酒である。

一般に古いものを陳年と呼ぶ。瓶に彫刻して彩色した陳年花彫酒は珍重される。

餅米を主体とする紹興酒に対して、黍米(しゅーみー)を主原料とする黄酒は華北で造られ、その中では山東半島の即墨老酒(ちーもーほあんじおう)が有名である。この酒は紫紅褐色で、焦げたカラメル香がある。苦みのある濃醇なものである。歴史は古く、春秋、戦国時代まで遡るといわれる。

黍米を約20分熱湯に浸漬した後、大鍋で焦がす。仕込み水と炒った麦麹とを加え糖化した後、酵母を加えて発酵させる。1年熟成させてから瓶詰めにする。ほかに大連黄酒、杏花黄酒、蘭陵美酒、昭君酒などがある。これらは黍米を焦がさない。

紅麹を使った黄酒で有名なのは福建老酒である。これは紅色を呈しているので紅酒ともいわれる。また、浙江省の金華を中心とした地域に生産されるものがある。これらは酒薬を使わず、麦麹と紅麹を併用する。紅麹の代わりに烏衣紅麹(黒麹と紅麹)あるいは黄衣紅麹(黄麹と紅麹)を使用するものもある。これらの中で金華の寿生酒は有名である。

推理 緑酒のこと

旧制第一高等学校寮歌の有名な『ああ玉杯に花うけて』の中に「緑酒に月の影宿し」という所がある。酒の研究者の中にはこの緑酒がどんな酒かを詮索する人もいる。現在、リキュールにはペパーミントとかメロン酒のように緑色のものがある。また、サタンの緑酒として有名なアブサンがある。この酒は習慣性があるため世界中で禁止されている。水で割ると白濁する。ポルトガルにヴィニョ・ヴェルデというワインがある。これは緑のワインという意味であるが、普通の白ワインで緑色ではない。ここでいう緑は、新しいとか若々しいという意味である。

ここで問題とする緑酒とは異なる次元のものである。

1981年3月に東京国立博物館で中山王国文物展が開催された。中山王国は、春秋から戦国時代にかけて燕と趙との中間にあった。その歴史は明らかでないが、紀元前506年頃の『左伝』の中で「中山服さず」とあり、紀元前296年に趙によって滅ぼされた。1974年、中山王国の王都で遺跡が発見され、4年間にわたる発掘で2万点近い文物が世に出た。2300年前の歴史が甦ったのである。私たちが最も驚きかつ今までにない興味を持ったのは、当時の酒が出てきたことである。中山遺跡は土の中で、密閉状態であれば中味が残る可能性が高い。

この展示会のカタログの中の雷従雲の記述の一部を引用させてもらうと、

禮楽の器と同時に出土したものには、一組の豊富多彩な実用的な器物があった。これは主として中山王に供えた一組の食器である。そのなかで酒器のしめる比重が最大であった。これらの器物の一部には当時の飲ものや料理が残っていた。大量の精美な酒器が出土したことや、古酒が発見されたのは、すこぶる興味のあることだった。王嚳墓を整理発掘して出土した青銅酒器には…(中略)。これらの青銅酒器はそっくりそのまま研究室に運びこまれた。そして考古工作者たちが一つの円壺ともう一つの偏壺をあけると、それらの壺のなかに、それぞれ首のところまで液体が入っていた。一つは黒味がかった緑色で、もう一つは深い緑色をしていて芳しい酒のにおいがした。あとでそれを鑑定に出したところ、これらはアルコールを含んだ液体、すなわち酒であり、そしてこの液体が窒素を多分に含み、乳酸や酪酸もあるところからすると、それは「乳汁」もしくは穀物から醸造した酒であるかも知れない、

とあった。

筆者は国立博物館でこの酒をガラス越しに見ることができた。2つのガラスのありふれた広口の試薬瓶に八分目ほどはいっていた。一つは濃緑色、他はまさに鮮明な緑であった。これが酒であれば、まさに緑酒出ずるである。筆者はこの酒の匂いも嗅ぐことはできなかったが、あの緑の鮮烈さは忘れられない。

この緑は一体何んなのであろうか。秋山裕一も『日本の酒』、『酒造りのはなし』の中で次のように書い

ている。酒の分析値が故宮博物院の刊行物（1979年）に出ていて、それによると、2つの壷の液中には澱（おり）があり、両者の金属の分析値では、やはり銅が多い。アルコールは2000年以上経過しているので、0.05％で、pH4〜5、総酸0.39と0.21g（乳酸として）、酸としては乳酸が主で、酪酸、カプロン酸が検出された。窒素分は100g中0.065g（澱1.04g）と0.092g（澱2.42g）。考察するところ、酒石酸が不検出の点から葡萄酒ではなく、窒素含量が高く、酸組成から乳酒か穀類の酒であろう。狩猟民族の白狄が建てたとされてることから乳酒の説が強い。

以上のことからこの緑酒は乳酒で、容器が青銅のため銅が溶け出し緑色となったものということができる。つまり、元々は緑酒ではなかったのである。

『酒中趣』（青木正児）の中に興味ある意見がある。

昔（唐以来）、中国の酒には白酒（盎）、紅酒（緹）、それに緑酒があった。「文選」所載の晋の左思の「呉都賦」に「軽軒（軽い車）ヲ飛バシテ緑酃ヲ酌ム」と有り、注に湘州記を引いて、湘州臨水県の酃湖の水で造った「酃酒」と云ふと見えている。此の湖は今の湖南省衡陽県の東に在ると云ふから、つまりあの辺の名産として晋代或は其れ以前に緑の酒が出たのである（中略）。一般に緑酒を称して酃と云ふが、蓋し其れは此の酃酒に本づいた名称で、此の酒が緑酒の起源であることを物語るものらしく思われる。…緑色の物は六朝から唐代に盛行したらしく、唐の元稹の詩に「七月ニ神麹ヲ調シ、三春ニ緑酃ヲ醸ス」とあり、また唐の李咸用は「一尊ノ緑酒染メシ於（ヨリ）モ緑ナリ」とある。宗の時代には廃れたらしい。

以上の記述から察すると、青木は、酃酒つまり緑酒は晋代あるいはそれ以前にあったとしている。一方、

中山王国は晋代の記述にはありますから、中山國には緑酒が伝わっていても不思議はありません。さらに中山國には酒造の名手として狄希の名が残されており、千日春と名ずけられた酒も伝説とし

てあります。つまり、中山國は酒と飲酒が盛んであったと考えられます。千日春とは千年醒めないの意。青木の考えも、先の酒の分析値で緑色が容器の青銅の銅イオンが溶出したものであるとすれば、賛成できないことになる。

明代の『本草綱目』には、

酒の清るを醸と云ひ。濁れるを盎と云ひ。厚きを醇と云ひ、薄きを醨と云ひ。重醸せるを酎と云ひ。一宿なるを醴と云ひ。美なるを醑と云ひ。未だ搾らざるを醅と云ひ。緑なるを酃と云ひ。白きを醝と云ふ。

ここにも緑酒は記述されている。

唐詩の中から緑酒に関するものを探してみよう。陶淵明の「諸人共遊周家墓柏下」という詩の二節目に、

清歌散新声緑酒開芳顔。未知明日事、余襟良已殫

とあり、『中華飲食詩』（青木正児）の註に湘州臨水県の酃湖の水で造った酒だとある（先述）。この酒の緑は付けたものでなく、醸造法で緑色になるらしいとある。

李白の「前有一樽酒行」の一節に、

春風東来忽相過、金樽緑酒生微波

（春風が東からさっと吹き過ぎると、金樽の緑酒にさざ波が立つ）

「襄陽歌」の二節目に、

百年三萬六千日、一日須傾三百盃。遥看漢水鴨頭緑、恰似葡萄初醗醅。此江若変作春酒、塁麹便築糟丘台

（唐の太宗が高昌から馬乳葡萄を収めて苑中に酒を造らせた。その色は緑であったという。醗醅の醗は酘であり、醅は醪のこと。一度醸した葡萄酒に再び緑色の葡萄を投じたばかりの醪だから緑色なのである）

白楽天の詩に、
甕頭竹葉経春熟、階底薔薇入夏開。似火浅深紅壓架、如錫気味緑粘台。……
とある。『中華飲食詩』の註では水飴のような味の酒は緑が台に粘るとある。筆者はこの酒の容器を問題としたい。もし焼物であれば、長い間、台の上に置いておけば、中の酒はいときり（底の釉薬（うわぐすり）のない所）を通して滲み出て台の上に跡がつくものである。したがって、緑粘台をそのままにとれば、甘く緑の酒が入っていたことになる。また、容器が青銅であれば、銅化合物の色ということになる。
ほかの白楽天の詩にも、
……傾如竹葉盈樽緑、飲作桃花上面紅
（……樽に満たした緑の竹葉の如く之を傾け、顔に上る紅さが桃花になるまで飲もうか）
別の詩に、
雪擁衝門水満池、温炉卯後暖寒時。緑醅新酎嘗初酔　黄紙除書到不知
（緑色の醪の新酒を飲んで酔ったばかりに黄紙の辞令が来たのも知らない）
韓翃の詩に、
觴下玉盤紅縷細、酒開金醅甕緑醅濃
（瓶を開けたての酒は濃い緑色である、酒が濃いということだろうか）
韋荘の詩に、
南隣酒熟愛相招、蘸甲傾来緑満瓢
（こぼれるほどなみなみと瓢に緑酒をついできた）
徐寅の「謝主人恵緑酒白魚」という詩に、
樽潤最宜澄桂液
（樽が広いので桂液（うまざけ）がたっぷりと入っている。もらった緑酒が桂酒なのかどうか不明）

というのがある。
王績の詩に、

竹葉連糟翠、蒲萄帯麹紅。相逢不命尽、別後為誰空
（竹葉酒は糟まで緑、葡萄酒は麹も紅い）

篠田統（『中国食物史の研究』、『米の文化史』）も酒の色について述べている。
いったい、唐の酒はほんとうに緑酒だったのだろうか。生活詩人といわれる白楽天など、緑酒の詩が30首におよんでいる。

緑酒はまた縹醪ともいう。縹はハナダ、ハナ色、つまり淡い青である。したがって、酒色のミドリというのはクサ色というよりも、青みがかったmalachite green染めのいわゆる「青竹」色とみてよさそうだ。されば、酒色はしばしば竹の葉にたとえられる。

さらに南京での竹葉青の経験を、

この青酒が私にはすこしもアオくは見えなかった。唐の緑色は今日の竹葉青のような色のあわい酒だと断じてもまずだいじょうぶだろう、

としている。

『中国の酒』（大谷彰）では酒の色について、

浙江省紹興の酒に、竹葉の葉汁を入れ、緑色は新鮮の形容詞としてもっぱら用いられているような気がしてならない。緑蟻、緑醅、竹葉連糟翠などは発酵未完了のもろみのようだ、

と記されている。

緑酒は竹葉酒のことらしいが、その色が緑でなく、緑を連想させるものであると考えるしかない。
なお、緑酒については吉澤淑（『酒の文化誌』）も論究している。

日本の古酒

日本の歴史の最古の文献は、『古事記』、『日本書紀』、そして『風土記』である。これらの中の酒を探ることは、日本独自の酒の来歴を想像する唯一の手がかりともいえる。

しかしながら、この3つの文献の記載には同一の事項に関して異同がある。『古事記』は和銅5年(712年)、『日本書紀』が8年後の720年というわずかの間隔で完成しているにもかかわらず、違いがあるのは次のように考えられている。

井上光貞(『日本書紀』)は、『古事記』が古いことを記録したものであるのに対し、『日本書紀』は新しくできた国家体制の自覚意識と対外的な意義を含んだ7世紀における日本の歴史書であったと述べている。このことから考えると、『日本書紀』は一つの筋を通す代わりに、悪くとれば都合の悪いところは切り捨てたり、書き換えたかもしれない。ただ、6世紀の中頃の継体天皇の前の記事は、両書の骨組みは一致しており、これは共通の史料、つまり『帝紀』、『旧辞』を利用したからだといわれている。

『日本書紀』の特徴の一つは、諸説あった点を一書(あるふみ)として添え書きのしてあることで、編纂者たちの忠実さがうかがえ、後世の人々にとって大いに参考となることが多いことである。

『記紀』にはあるが、『風土記』の説話にはないことが多い。その理由にいくつかの説があることを『出雲神話』の中で松前健は、『記紀』の中央記録に採用されなかった説話を特に『風土記』が主として地名由来ばかりに固執して英雄の長物語などは除外したとする説、『記紀』の物語の伝承と『風土記』の説話とは階層的に異なっていたとする説、をあげている。

特に出雲神社に関する『記紀』と『風土記』との違いが注目されていて、大和の貴族(中央貴族)と出雲の人たちとの世界観、国家観の相違に基づくものとされている。松本清張(『清張日記』)も、記紀には、大和の古い氏族(豪族)が祖先を飾っていること、天皇家の権威に政治的な作意が見え

ているのに対し、『出雲風土記』の独自性は、天孫民族に「国譲り」する前の先住民族の姿がみられる
点である、
としている。

『古事記』、『日本書紀』には酒のことがいくつか出てくる。大蛇退治の説話以外は、たいていは酒を飲む際の表現が多い。

『古事記』では、大国主神の項の須勢理毘売の歌の中に、大御酒杯、豊御酒の言葉があり、仲哀天皇の項の気比の大神と酒楽の歌の中に、待酒、御酒、酒の司(くしのかみ)、醸みなどがある。待酒は、来る人を待って造る酒、待つ人が無事に来ることを祈るための酒と解釈されている。『日本書紀』では御酒を神酒としている。

応神天皇の項では、髪長比売のところで大御酒の柏を握らしめてというのが興味深い。つまり、これは酒を盛る柏の葉のことと解されており、酒は液状ではなく固状のもの、あるいは醪そのものであったといえる。

また、百済の朝貢の項では、国主(くず)の歌、

白梼上に　横臼(よこす)を作り　横臼に　醸みし　大御酒(みき)うまらに　聞こしもち食(を)せ　まろが父

(樫の生えている所(吉野)で横長い臼をつくって、それで醸造した酒をおいしく召しあがれ、私たちの父よ)

という歌がある。『日本書紀』では　大御酒を醴酒(こざけ)としているが、これは一夜酒と思われる。

また、『古事記』には、

秦造(はたのみやつこ)の祖・漢直(あやのあたへ)の祖　また酒を醸むことを知れる人、名は仁番(にほ)、亦の名は　須須許理(すすこり)等、参渡り来つ。故、この須須許理、大御酒を醸みて献りき。ここに天皇、この献りし大御酒にうらげて、御歌よみたまひしく、「須須許理が　醸みし御酒に　我酔ひにけり　事無酒(ことなぐし)　笑酒(えぐし)に我酔ひにけり」

ここで、事無酒は無事平安な酒、笑酒は笑いを催す愉快な酒のことである。

須須許理については、鄭大聲（『朝鮮の酒』）の研究があるので紹介する。

須須許理は朝鮮語ではススホリと読め、曽曽保利（すすほり）と同じである。古代（三国時代）の百済は稲作が盛んで、生活文化も高く酒造りも進んでいたと考えられるとし、百済から来た須須許理がその醸造法を伝えた。さらに、鄭は、その伝来の地は京都府の田辺町であり、そこには、佐牙神社があり、その名が酒の古語であるとし、この神社に伝わる『延喜式内佐牙神社本源紀』には曽曽保利のことが書かれているという。

須須許理の造った酒がそれまでのものより旨かったことは想像されるが、その大陸式醸造法が日本の古来の酒造りにどのような影響を与えたかについては議論のあるところである。残念ながら、醸造法についての手がかりとなる記載はないが、当時既に大陸では麹法が発達しているので、その影響があったことは十分に考えられる。

さて、一方の『風土記』に出てくる酒はどんなものであろうか。そこには『記紀』での説話とは違った感触で表現されている。

播磨国　庭音村　元の名は庭酒（にはき）。伊和大神の食料の御乾飯が濡れて黴が生えた。すなわち酒を醸させ、それを庭酒として献って酒宴をした。だから庭酒村といった（庭は神祭りをする場所でもあるから、そのための酒を庭酒といったかもしれないが、おそらく急造酒の意の俄酒（にはき）であろうという）。

穴栗郡　伊和村　大神が酒をこの村で醸したもうた。だから神酒の村ともいう。また於和（おわ）の村ともいう。大神は国作りを終えてから後、於和と仰せられた（神酒（みわ）は本来、水和で、水を入れる丸い瓶のことで、その瓶で新酒（みき）を醸したので神酒そのものも尊んで御和（みわ）と容器の名で呼ぶようになった）。

託賀（たか）国　荒田村　荒い田と呼ぶわけは、この処においでになる神は名を道主日女命（ちぬしひめのみこと）という。父親がなくて児を生んだ。盟酒（うけひざけ）を醸そうとして田七町を耕作した。七日七夜の間にその稲は成熟して終わったので、酒を醸して諸々の神たちを集めて酒宴をし、その子を遣って酒を捧げさせ、そしてこれを神たちに奉らせた。そこで天目一命（あめのまひとつのみこと）がその子の父であることがわかった。後になってその田は荒れてしまった。だから荒田の村という。

盟酒とは神酒を飲むことである集団への参加が実現されるとする誓約の酒で、ここでは血固め「血交ひ」の酒で、神と血統関係を証明するものである。

賀毛（かも）の郡　下鴨里　碓居谷（うすい）、箕谷（みたに）、酒屋谷がある。大汝命（おほなむじのみこと）が碓を造って稲を舂いた処は碓居谷と呼び、箕を置いた処は箕谷と呼び、酒屋を造った処は酒屋谷と呼ぶ。ここで、酒屋は酒を造る場所のこと。

穴栗郡　比治の里　西北に比治の里があって、比治山の頂上に井がある。その名を真奈井という。この井に天女が八人降って来て、水浴をしていた。老夫婦がこっそり一人の衣装を隠した。その天女は天に帰れず、老夫婦の子となる。その天女は酒を造るのがうまかった。一杯飲むと見事にどんな病気でも取り除くことができた。このお陰で家が豊かになった。その後、天女は家を追い出される羽目になる。天女の造った酒が万病に効能があったということは、一種の薬酒であったといえる。この天女は酒の神として豊受能毘売（とようけのひめ）となったという。

大隅国の項に醸酒として口噛み酒が記載されている（67頁参照）。

延喜式の酒

『延喜式』の酒については、多くの紹介がある。ここでは、『「延喜式の酒」（松本武一郎）と『日本の酒5000年』（加藤百一）から引用し、製造高の多い順に並べてみる。

① 雑給酒　一般官人用の酒で、支給についての規定があり、また頓酒と熟酒とがある。頓酒は早造りか、搾ってすぐ飲用するものと想像される。仕込法は八斗法で標準的な配合である。熟酒は十分熟成させた酒であろう。八斗法より水を3割多く汲む。

② 御酒　宮廷用や儀式用の酒と考えられる。八斗法であるが、精白度の高い米を使った上級酒だっ

たかもしれない。

③　擣槽　擣は擂り砕くとか突き砕くということから、醪がある程度熟したところで、臼で磨り水を加えて濾した甘い酒であろうという。

④　御井酒　晩夏から晩秋にかけて造る濃厚酒で、八斗法より汲水が3割3分も少ない。

⑤　醴酒　水の代わりに酒を使う。米麹量も多く、高温糖化法も利用された味醂系の再成酒といわれている。

⑤　三種槽　正月節会用で、米、糯、精粱米の3種の原料を別々に仕込んで造った酒。麦芽も使われている。

⑦　汁槽　調味酒。

⑧　粉酒　米粉を原料としたらしい。

⑥　白貴・黒貴　白貴は諸味を大篩で荒濾しした酒。黒貴は白貴に久佐木の灰を入れたもの（新嘗祭用の酒）。

『延喜式』は、901～922年に醍醐天皇が藤原時平らに命じてつくらせたもので、完成は延喜5年（927年）であった。その内容は大宝・養老の律と令などで、全法令の施行規則といえる。組織の中に、酒と酢は宮内省の造酒司で造られることが決められている。さらに、前述のように酒の種類とその製法が書かれている。酒が朝廷の酒として重要視されていたことがわかる。

中世の日本の古酒

1598年（慶長3年）、豊臣秀吉が醍醐の花見といわれた催しの際に全国から集めらた酒の記録が残されている。練貫酒（博多）、柳酒（京都）、僧坊酒（奈良）、天野酒（大阪）、江川酒（伊豆）、菊酒（加賀）、麻地酒(豊後)、児島酒(備前)、三原酒(広島)、地伝酒(出雲)などである。これらは1600年前後のもので、他の文献にも見られる。加藤百一はこのほかに、尾道酒、道後酒、小倉酒、伏見酒、小浜酒、唐津酒、島原酒、防州之名酒、肥前之大樽、柳川大樽などをあげている。

練貫酒は、色が練絹のようであることからこの名となり、搾って濾したもので、搾らないものは実練酒といった。『まぼろしの古酒』(岩野俊)には次のようにある。

故事に練貫酒は其色練絹の如く成故に練酒と称す。其しぼりてこしたるを練酒と云。糟共に用るを実練酒と云。此の酒何の世より、醸し始しと云事をしらず。中略。古より博多にて小田氏のみが家是を醸す。今は製する家多し。就中篠崎氏の家に醸すを上品とす。

また、15世紀末に京都に柳酒あるいは単に柳と称される良質の酒があったという。また、黒川道佑による『雍州府志』[貞享3年(1686年)]に京の花橘の酒、蘭菊の酒、白醴酒(練酒に近い)、山川酒(甘酒)が紹介されている。

天野酒は、女高野と呼ばれる天野山金剛寺で造られたもので、豊臣秀吉が愛好したという。今も仕込みに使った大甕が保存されている。

奈良酒は、奈良の東南部の菩提山正暦寺で造られていたという。15世紀中頃に盛んに造られ、この系譜につながるのが堺酒であるという。

江川酒は伊豆産であるが、その由来については諸説がある。

加賀の菊酒は宮越で造られた。加藤百一によると、菊酒と称するものはいくつかあるが、加賀のものは、『本朝食鑑』によると、両岸に菊花が咲き乱れる仙境、菊川の水を汲んで黄菊白菊の花を煎じ仕込水とし、この中に米麹蒸米を仕込んだとある。

麻地酒は、麻生酒、浅茅酒とも書いたらしいが、豊後、肥後、紀伊などにあってそれぞれ特色があったという。特に豊後の麻地酒は、別名「土かふり」とも称した。そのいわれは、仕込んだものを密封して土中に埋め、翌年の土用頃に開けたという。

加藤百一によると、1597〜1631年の間に大名の城下町にはその地名で呼ばれた銘酒があったという。尾道酒、道後酒、小倉酒、伏見酒、小浜酒、唐津酒、島原酒、防州之名酒、肥前之大樽、柳川大樽などである。

日本の酒の変遷

日本の「民族の酒」である日本酒は歴史も古く、大陸の影響があったとしても、独自の変遷を経て今日に至っている。その特徴として、米を原料とし、糖化剤に麹黴の撒麹（ばらこうじ）を使ってきたことがあげられる。『日本酒の起源』（上田誠之助）が指摘しているように、稲作が伝来してから南方モンゴロイドの縄文人が口噛みの酒を造っていた。また、加藤百一によれば、長野県井戸尻遺跡から出土した有孔鍔付土器でその昔に果実酒が造られていたと考えられる（これについては反論もある）。次いで、木の実酒が考えられる（筆者は先に八岐大蛇を退治した八塩折の酒は木の実酒であると推理した）。

3世紀の『魏志倭人伝』には、倭人は喪に服する際、「他人就歌舞飲酒」、さらに「人性嗜酒」と表現してよく酒を飲むとある。もしそうであったとしたら、口噛み酒や木の実酒程度では量的に間尺に合わないと考えられる。

加藤百一は、日本には古くから黴酒があったと主張している。縄文時代にも陸稲栽培があったといわれているが、ツングース、そして扶余族の北方モンゴロイドの弥生人が中国江南の稲作文化とともに渡来したと考えると、日本では古くより米の黴酒があったと考えられる。『風土記』の播磨国庭音村の項には、大神の乾飯が濡れて黴が生えてきたのでこれから酒を造ったとある。このようなことからも加藤の主張は肯定されると考えられる。

また、前述したように、応神天皇の頃、朝鮮から来た須須許理（須須曾利、仁蕃）が造った酒が旨かったという歌がある。この酒がどのようなものであったかはわからないが、大陸系の黴酒であったとする『朝鮮の酒』（鄭大聲）の説がある。

『延喜式』に述べられている酒は、『麹学』の「麹のルーツ」（坂口謹一郎）によれば、「朝廷の酒」ともいうべきものである。幾分大陸の影響は認められるものの、白貴、黒貴という新嘗祭（にいなめさい）に用いる酒も出てくるので、日本古来の民族の酒というべきであるとしている。

日本の酒がどのように変遷したかを知るには古い酒書に頼らざるを得ないが、『延喜式』以降、室町時代まで途絶えている。小野晃嗣により発見された『御酒の日記』、そして『多聞院日記』がその後の様子を示している。坂口によれば、これは「僧坊の酒」の酒で、大陸の酒造りから脱却して現在の造り方の基盤になっているという。

『延喜式』には仕込み方法は、醞法（搾った酒に再び原料を投入する）が記載されているが、室町以降は酘法（発酵中の醪に原料と麹を加える）が用いられ、原料米の精白を示す片白、諸白の言葉も出てくる。

桃山時代には各地に独特の酒があり、先に述べた博多の練貫酒や麻地酒など多様化されたものになった。元禄以降になると、多くの酒書が残されている。日本の酒は「酒屋の酒」になり、江戸時代には全国的に造り酒屋が出現した。中でも古くから有名だった伊丹、池田、そして灘のような「本場の酒」は、江戸では下り酒として人気があった。大阪の商人が海上輸送を始めたのは１６４５年といわれ、その後、いわゆる樽回船が盛んとなり、江戸の新川で荷揚げされた。

本場の酒が高く評価された一因には、水車を利用した精米技術、そして火入れの採用も貢献したと考えられている。

麹について

麹を使って醸造物を造る方法は、東洋の独特な手法であるといえる。特に、中国や東南アジア、朝鮮、日本では、酒や醤、鼓などを造る基本のものである。

麹については、主に4つの論点がある。麹の起源、散麹と餅麹、麹、コウジカビとクモノスカビである。

麹のルーツについては、坂口謹一郎の説がある。中国の古い文献に基づいた論説である。その中で、『東亜醗酵化学論攷』（山崎百治）を引用して、餅麹の文字の初見は2千年前に書かれた「方言」であり、当時は地方によっていろいろな麹があって、餅麹もあったが、散麹もあった。黴もおそらく現代のものと同じだったろうと推定している。

『一衣帯水』（田中静一）では、麹を表す漢字は16字ある（糀は和字）とし、これらの中で米が入っているのは4字で、その他はすべて麦が入っている。麹という字は米と麦と両方入っていて、この字が**こうじ**の通字であるという。麹の名は地方によっていろいろで、原料や造り方、形も様々であったので、たくさんの麹を表す字があったと考えられている。

『東方アジアの酒の起源』（吉田集而）では、黴酒の起源として、麦以外の発芽した穀類（雑穀）に黴が繁殖し、これを使用したことから必然的に黴の意味が知覚され、麹へと発展したものと述べている。

散麹と餅麹　坂口によれば、穀物を砕いたり粉にしたものを水で固めて、煉瓦状、団子状、円盤状、あるいは賽子（さいころ）状に成型したものに黴を生やしてつくるのが餅麹である。一方、米粒のままのものに黴を生やしたのが散麹である。その違いについて、「各民族の酒の製法は、多くその主食の加工法と一致する」と提説している。そして粒食の日本は、散麹の酒を持ち、粉食の中国は、餅麹の酒を持つというのもその一例である。もっとも中国という国は広大であるから、粒食の地域もあって、そのような地方の酒は稀に散麹で造られている場合もあるとしている。

穀物麹は、東アジアの照葉樹林地帯で成立した文化遺産であり、『日本の酒造りの歩み』（加藤百一）では、『東アジアの酒』（中尾佐助）や『照葉樹林文化の道』（佐々木高明）らの考え方をまとめて、日本への稲作農耕文化の渡来ルートは、揚子江以南の地、つまり江南説が有力であった。

この地はかつてオーストロ・アジア系の稲作民族が先住し、呉・越の建国を見たが、北からの強力な漢民族の圧迫に屈し海上へのがれた。北九州へ、南鮮へ、この文化が伝播したのはこうした民族移動の一つで、それは紀元前2～3世紀のことであった、という。

佐々木高明は、『東方アジアの酒の起源』(吉田集而)を引用し、麹を用いる照葉樹林帯の酒がいずれも穀物の固体発酵という形をとる粒酒であることを示している。その麹は、ダージリンでは円く平たい麹はツァモル・マルツァ、つまり米麹で、球形をしているのがコード・コ・マルツァで、シコクエビを粉にしてある種の草の花を細かく砕いてその中へ入れ、水でこねて固めておくと黴が発生して麹ができるという。これは草麹ともいえるものである。さらに、

この種の麹を用いて穀粒を固体発酵させた粒酒チャンは、ヒマラヤの照葉樹林帯にひろく存在する酒で、おそらくこの地域で開発された土着の酒とみてよいと思われる。しかも、これと同種の粒酒は、東アジアの照葉樹林帯のあちこちに分布している、

と述べている。

このような論理から麹の起源地を次のように推定している。

照葉樹林帯を中心に中国と東南アジアの二つの世界にまたがるこのような顕著な類似は、麹とくに草麹系にものを使う醸造技術の起源地は、おそらくもっとも古拙な醸造法の伝統を今日にまで伝えている。ヒマラヤおよびそれに連なる中国西南部の照葉樹林の地域と推定しうるのではなかろうか。

先述したように坂口は中国の古文献より、だいたい2千年近い前の中国の麹は、原料はおそらく麦類で、餅麹も散麹もあったことは明らかであるとし、散麹の方はもっぱら麦偏が使ってあるから、すべて麦類を原料としたものであるとしている。

『日本古代のタガネ米餅とカムタチ麹と日本酒』(伊藤うめの)では、

日本の酒は、稲作伝来当初から餅こうじ法で造られていて、後代、バラ麹法に進展したものであることが推定できた、

としている。その根拠は、日本の古代から伝わるシトギの考証にある。その論旨を要約すると、

滋賀県にある小野神社は延喜式名神大社で、祭神は米餅搗大使主命（たがねつきおおおみのみこと）で、ここでは古くから、シトギ祭りが行われる。儀式は、水につけた生米を竪杵で搗いて粉砕し、それを団子に固めてシトギを造る。これを藁ずとに包み込み、それを日に干した後、藁ずと包みのまま三宝にのせ、神前に供えて終了する。藁には無数のかびの胞子が付着しており、これがシトギに付着する。それを日に干して暖めれば胞子は発芽し、かびが繁殖を開始する。こうして数日後には餅こうじになる。

シトギ説は、上田誠之助(『日本酒の起源』)も支持している。

石臼の伝来は、610年と『日本書紀』にあるそうであるが、ここでは竪杵でつくので、つきうす型であること、そして水に漬けた生米を使うことが注目される。

麹と糵（げつ）との関係

明の時代の宋應星の『天工開物』(藪内清訳)の中に次の文章がある。

酒をかもすには種麹をもととする。麹がなければ、たとえすぐれた米や黍でも決して酒とならない。むかしは麹で酒をつくり、糵で醴をつくったが、後世には醴の味の薄いのを嫌って、次第にその製法がわからなくなり、同時に糵の製法も滅んでしまった。

この中にある糵がどういうものなのかということが以前から問題となってきた。

坂口は、紀元前には　酒という名のものがあったらしいとして、山崎百治の説の

糵はあくまで散麹であって、これで造った酒は麹で造ったものより上等でなかったので、漢でも匈奴などに贈る酒に使ったものであろう、

を引用している。さらに、漢の末頃の『説文解字』という辞書に「糵は牙米なり」、また「芽を生ぜし米

なり」とはっきりいっているので、黴の麹とは全く別物の、いわゆる穀芽の類であると述べている。また、『斉民要術』にある「作蘖法」として、

浸水した小麦を陽にさらし、後一日一回浸水し、脚が出たら、むしろ上に二寸の厚さに積み、芽が出るまで一日一回散水し、後そのまま乾燥する、

とあるのは、このものがまさしく麦芽であることを示している。

以上のことから、坂口は、必然的に中国には昔はビールがあったとせざるをえないとしている。坂口の話の中で、中国にビール、つまり麦芽の酒があったとすると、西欧の麦芽圏、東洋の麹圏という分け方の他に、両方を利用した地域を設ける必要があるとの意見を聞いたことがある。

蘖は、『廷喜式』では「よねのもやし」と呼んでいる。このように、米の字や意味が入っているのが氣になるのである。しかし、稲芽は不思議なことに糖化力がきわめて低く、それだけでは酒はできそうにない（稲芽については吉田集而の論説がある）。

包啓安は、蘖について次のように結論している。

蘖は麦芽であることは「説文解字」、「釈名」など古い辞書に解いてある。且つ蘖で醴を造ることは「尚書・説命篇」、「周礼正義」の「釈名、釈飲食篇」、「呂氏春秋・重己篇」などの文書に、その味が甘いとはっきり説明されており、当時麦芽酵素によって澱粉を糖化する技術のあったことがわかる。

そしてさらに、

「酒を造るには麹を使い、醴を作るには蘖を使う」という商王武丁の時代から、『斉民要術』の時代を経て明代にまでに至る文献によれば麹とは全然別のもので、麹はかびが生えた穀物であり、蘖は麦芽であることが少なくとも2000年あまり続いて来たわけであることは疑う余地がない。これに対して蘖がかびを生やした穀物であるという文献は未だ発見されていないが、蘖にかびが生えたことは考えられる。

以上の諸見解から櫱は中国では麦芽であることが確かであるが、日本では『廷喜式』で「よねのもやし」とあることから混線したといえる。

なお、吉田集而は、中国と日本とに分けて明快に説明している。

コウジカビとクモノスカビ

『風土記』の播磨国の項に、

　大神の御粮（みかれひ）、沾（ぬ）れて梅生（かび）えき、すなはち酒を醸（かも）さしめて、庭酒（にはき）を献（たてまつ）りて宴（うたげ）しき

とある。御粮は強飯と同義で、これが潤って黴がはえたものはまぎれもなくかむたち、米麹であると加藤百一は述べているが、さらにこれを日本で最初の米麹利用の酒とはいえず、もっと試行錯誤があったろうとしている。

さて、日本の麹がコウジカビ（アスペルギルス）であるのに中国の曲がクモノスカビ（リゾプス）が主体なのはなぜかについては次のように説明されている。

『麹について』（田中利雄ら）によると、日本では米を蒸すが、大陸では穀類の生の粉を練る。蒸米は米の蛋白が熱のために変性して酵素の作用を受け難くくなるので、蛋白分解力のクモノスカビの繁殖力は低くなるが、分解力の強いコウジカビは盛んに増殖する。さらには、コウジカビは好気性で、一方のクモノスカビは嫌氣的にも繁殖できることから散麹にはコウジカビが、餅麹にはクモノスカビが優位性を占めると解釈された。

『麹カビと麹の話』（小泉武夫）では、日本の種麹に木灰を添加することに注目した。木灰がアルカリ性の環境にするため雑菌は生育が抑えられ、最終的にコウジカビだけが残ることになるという。また、昔から利用されていたと考えられる稲麹がコウジカビの胞子の固まりであり、これを素種（もとだね）として使って

きたことも日本の麹とコウジカビとを関係づけているとしている。

照葉樹林文化圏の酒

粒酒

中尾佐助（『麹酒の系譜』、『東アジアの酒』）が提唱した照葉樹林文化圏は、中国南部を含め東南アジアから日本にかけての広範な森林地帯で、その中には独特な農耕文化が伝承されてきた。酒の文化もその一つであり、これらの黴酒を粒酒と名づけている。特に大陸部の照葉樹林地帯には多くの種族が古くから住みつき、それぞれの酒を持ち、名前も様々であるが、共通の面も多く、伝播そして伝承の酒となったものと考えられる。

古くは菰田快（『ネパールの酒』）のネパールの酒の紹介があり、『アンナン山脈南部高地（ベトナム）―ルオウ・カンとルオウ・ネプー』（中尾佐助、小崎道雄）、『東方アジアの酒の起源』（吉田集而）、『シコクビエの酒チャン』（木俣美樹男）、『照葉樹林の麹文化』（内村泰雄）の現地調査の報告がある。

粒酒は壺酒ともいえるが、固体発酵であること、吸酒管を使って飲むことに特徴がある。中尾はチベットのチャンを例に次のように述べている。シコクビエの玄穀を水に漬け熱湯で茹で、竹筵（むしろ）の上に広げて放冷後、麹の粉を振りかけよく混ぜる。これを竹籠に入れ数日後置いた後、壺に移し数日間発酵させる。これを飲むには、竹筒などの容器に移し、熱湯を注ぎ竹の管を差し込んで飲む。管の先端はスリット状になっている。

木俣美樹男は、ネパール、ブータンの酒について、米を使うのは裕福な種族で、多くは小麦、大麦、玉蜀黍、またはシコクビエが使われる。米の場合は、炊いた米を布の上に広げ放冷後、粉にしたムルチャ（餅麹）と小麦粉を混ぜたものを飯にふりかけよく混ぜる。これを1ポンドぐらいに固め、積み重ね被いをして2日間置き、壺に移し水を加えて約10日間で壺酒となる（この場合は半固体発酵）。飲み方は湯を加えてつぶし、竹籠を押し込んでたまった濁り酒をすくって飲む。

内村泰雄は餅麹の微生物学的研究を行った。ラギーの中から糸状酵母(*Saccharomyce fibligera*)を分離し、これらが澱粉糖化力を持っていることを明らかにした。従来、澱粉の糖化には黴類か細菌類が使われてきたが、糖化力を持つ酵母の役割が示されたことになる。このような酒は黴酒ではなくなる。また、内村は餅麹の中に*Pediococcus*属の乳酸菌が生育していることも示した。このことはラギーの中には、糖化、アルコール発酵、乳酸発酵の生態系が共在していることになる。

吉田集而(『東方アジアの酒の起源』)のスターター理論が興味深い。例えば、日本の種麹と麹の場合どちらがスターターか曖昧である。そこで発酵を起させる始めのものをスターターと呼ぶことにした。つまり唾液であれ麦芽であれスターターとなる。実際には日本酒のように酒母(酛)を育成するものと、ワインの自然発酵のように果皮からの酵母が働くものとある。後者の場合、吉田理論によれば果皮がスターターとなる。口噛みの酒ではツオウの葉を使い東南アジアの酒ではバナナの葉が被いに使うが、おそらく葉に付着している酵母が働くのであろうから、これらをスターターと呼ぶのは納得できる。

インドネシアからフィリピンにかけての島嶼部にかけての酒については、マレー半島やバリ島などには固体発酵によるタペとブレンとがある。タペは蒸した赤糯米とマニオックの根に麹を混ぜて発酵させたもので、これから滴り落ちた液がブレンである。フィリピンには米を使ったタプイがある。粒酒は固体発酵であるが、中国の白酒も規模は違うが固体発酵である。両者にはどんな関係があるのであろうか。

最近、小崎道雄はベトナムの米酒について詳細な紹介をしている。糯米を使用した濁酒ウオム・ルオウ、さらにこれに加水して蒸留したルオウ・ネプである。また壺に籾がらを敷いて発酵させるルオウ・カン(籾殻酒)もあるという。

小崎道雄は米酒の伝播について中国の雲南省、貴州省の辺りを起源とするといわれる米酒は、その後ネパールからシッキム、ブータン、ミャンマー、タイ、ラオス、ベトナムまでの南および東南アジア大陸部から、ルソン島、およびバリ島の島部に至るまで広い範囲で造られるようになったと述べている。

吸酒管について

東方アジアの大陸部では、粒酒を飲むには湯を入れて竹のストローを使うことが多いという。吉田集而はこれを吸酒管と名づけている。ストローはもともと麦桿のことであるから、吸酒管の方が適切といえる。中尾佐助は写真で30センチメートルぐらいの管を紹介している。『四大文明―メソポタニア』の143頁にビールを飲むシュメール人の円筒印章の写真が載っている。これは紀元前2600年頃ウル王墓出土とある。『ビールの文化史1・2』（春山行夫）にもビールをパイプで飲むバビロニア人を掲げている。これは紀元前1913年頃とある。この両方ともパイプの長さは人の丈ほど長い。

吉田集而は、吸酒管はアフリカに伝播し、中国や日本ではほとんど見られないという。しかし、『四大文明―中国編』（鶴間和幸編）の写真が興味深い。羌族が客を迎える時に飲むザージウのことで、3人の女性がそれぞれ竹の管を壺に差し込んでいる。また『中国酒文化』（上海人民美木出版社）の写真にも羌族の飲酒法として6人の男女が細い管で壺から吸酒しているものがある。中国の少数民族である羌族は現在四川省辺りに多い。歴史を辿ると、夏王朝の禹と繋がるという。また彼らの言葉はチベット族の影響を受けているという。

最近、筆者は『斉民要術』の中に粟米炉酒とあるのを見出した。これは笨麹と粟とで瓶に仕込み、廬の管を差し入れて飲むとある。

朝鮮の酒

鄭大聲（『朝鮮の酒』）によると、朝鮮にも古くから酒が造られていた。三国時代（百済、新羅、高句麗）

(1400~1500年前)の酒の事情が記載されている。高麗時代には梨花酒(りふあじゅ)という白い酒があった。麹(ぬるつく)は、麦、小麦が使われていて餅麹である。三国時代には旨酒、美醞があり、また醪酒というのは濁り酒のようである。現在はマッコルリと焼酎が大衆酒として飲まれている。また、焼酎の消費も大きい。

古代の酒は、清(ちょん)、醤(じゃん)、漿(じゃん)、酏(ち)の4つに分かれていたという。

百済は、朝鮮半島の南西部に位置していることから早くから稲作が盛んで、生活文化も高く酒造りも進んでいたらしい。

新羅の酒は酔い心地が良かったという。ということは強い酒と考えられる。

高句麗の酒は、中国の江蘇省の曲阿に由来する曲阿酒は高句麗から来た女性の酒造りによるといわれている。

吉田集而(『東方アジアの酒の起源』)は朝鮮半島には麦芽酒もあったと書いている。

『古事記』の応神天皇の項に百済から来た須須許理(すすこり)、またの名を仁番(にほ)という者が酒造りをしたことが載っている。鄭大聲はその伝来の地が京都の田辺町であると確認したという。

朝鮮には古くから薬酒が発達していた(薬酒の項)。そのうちの一つに法酒(ぽぷちゅ)がある。有名な寺院の周辺で造られていた。現在も慶州のものは有名である。糯米に菊の花、松葉を加えて仕込み、百日間土中に埋める。

ここで照葉樹林文化圏内の酒として日本の酒を取り上げるべきであるが長文のため別項にした。

アフリカの酒

人類の発生地といわれるアフリカの酒はどのようなものか。

エジプト文明ではビールやワインが古くから造られていた。しかし、イスラムの伝播により飲酒は禁じられ、この地での酒造りは衰微した。地中海沿岸のかつてフランス領であったアルジェリアをはじめ、モロッコ、チュニジアなどはワイン産地であるし、現在、南アフリカ共和国は世界で有数なワインの大産地である。

また現在、南アフリカ共和国ではソーガムビールが造られている。

アフリカの広大な地域ではどんな酒が造られてきたのであろうか。ここでは多くの方の現地調査報告を引用させていただく。

アフリカの酒は伝承、伝播の酒が混在しているので、ここで一括した。なお、椰子酒や蒸留酒については別に記述した。

ウガンダの酒　ウガンダはエチオピアの西南にある国である。醸造酒としては、バナナ酒、キャッサバ酒、雑穀酒、糖蜜酒、パイナップル酒がある。これらのうちバナナ酒と雑穀酒が多い。『東アフリカの酒』（難波恒雄、更田善嗣）によると、次のとおりである。

① バナナ酒（アマルワ）　トロ（Toro）地方では穴を掘り、この中に青いバナナ（未熟のバナナは澱粉質）を入れ4～5日熟成させる。この間、バナナ自体の持つ糖化酵素が働く。別の穴にバナナの葉を敷き、皮を剥いたバナナを入れ、水を加えて足踏みによって搾汁して、エソホ（esojo）という草を加える。このジュースを丸木船状の容器に移し2日間発酵させる。100本のバナナから約180Lの酒がとれる。

② 雑穀酒　キゲチ（Kigezi）地方では、穀粒を粉にし、一部を発芽させてから粉にして混ぜ、温めて約3日間糖化する。これを蒸煮してから発酵糟に移し、温水を加えて発酵させる。別の容器に移し火入れをする。ストローで飲む。

ケニアの酒　糖蜜酒と雑穀酒とがある。『東アフリカの酒』（難波恒雄、更田善嗣）によると、次のとおりである。

糖蜜酒はムラチナと呼ばれる。甘蔗を50センチメートルぐらいに切り、ムラチナの実と交互に桶に積み重ね、これに18Lの甘蔗、22キログラムのザラメ、さらにハチミツを加える。ムラチナの実から酸味が出る。約30℃に保ち、24時間で発酵が終わる。麻布で粗濾し、1~2日後飲用する。アルコールは5~6%。

エチオピアの酒　古代にはビールを造っていたという(9頁)。『酒造りの民族誌』の「エンセーテの酒―エチオピア」(重田真義)によると、エンセーテ(Ensete)はバショウ科で、偽茎と根茎とに澱粉がある。エチオピアの西南部でしか栽培されていない。トウモロコシを発芽させ、乾燥したものを砕いて糖化するという。

ザイールの酒　ザイールは中央アフリカに位置する。『酒造りの民族誌』の「サタンの水―中央アフリカ・キブ湖畔の酒」(山際寿一)によると、ザイールではカシキシというバナナ酒がある。アマルワに似た方法のようだが、熟れかかったバナナを3日間地中に埋めておく。皮をむいて丸木船の中で熟れたバナナをニヤシの葉と共に手や足で搾り出す。これを濾しとる。これに水とモロコシの種を加えバナナの葉で覆う。丸木船には酵母が住み着いているという。カシキシを蒸留したのがカニャンガである。

他にアチョリ人のモロコシの酒コンゴがある。『酒造りの民族誌』の「大地の恵みを飲む―アフリカの雑穀の酒」(重田真義)によると、次のようである。壺に穀類の種を入れ水を満たす。もやしになってから乾燥し、粗挽きにする。これを酒壺に水とともに入れ、数日置くと酒になる。これに原料の粉を足して煮た後、乾燥させる。この粉を湯と練り、壺に入れてバナナの葉で蓋をして二晩置くと酒になる。これを濾して飲む。また、赤道付近のソンゴーラにマルメカヤという蒸留酒がある。蒸留酒の項を参照されたい。

タンザニアの酒　世界でも類を見ない珍しい竹の酒がある。中国に古くからある竹葉酒は、その名のとおり竹の葉を漬け込んだものあるが、ここでいう酒は竹の樹液が発酵したものである。『酒造りの民族誌』の「竹の酒ウランジ—タンザニア・イリンガ州」（伊谷樹一）によると、原料の竹はウランジと呼ばれるもので、エチオピアからコンゴにまで分布している。

2年目の竹の子の頂部を2~3センチメートルの所で切り取り、毎日盛り上がってくる部分切り取っていくと白い泡状の樹液が流れでてくる。これを集める。この液は既に発酵している。竹の名と同じウランジという酒である。

南部アフリカ　カラハリ砂漠の酒

『酒造りの民族誌』の「カラハリ砂漠の果実酒」（田中二郎）によると、ブッシュマンの酒で、コムの実を水に浸しふやかして手で揉む（果皮に糖分がある）。滓を取り去り、湯を注ぐ。これに発酵の種を加え保温して一昼夜すると飲める。

伝播の酒

口噛みの酒　モンゴロイドの酒

口噛みの酒は、穀類に代表される澱粉質原料を人間の唾液中の分解酵素（アミラーゼ）によって糖化し、自然発酵で酒としたものである。これは、澱粉質原料からの酒造りの一つの原始型といえる。『日本の酒』（坂口謹一郎）では、次のように記している。

口噛みの酒は古い記録を含めて考えると、その存在は地球上の各地にわたって広く分布されているることや、後世に残されているものでは、多く神事や儀式など古い時代のシンボルの形が主であることなどからも、それが世界の人類社会を通じての酒造りの原始型であるように推察される。

この記述の中で、口嚙みの酒が各地に分布していること、神事や儀式に使われたことが注目される。インカの人たちのチッチャが冠婚葬祭、戦勝用であり、台湾でも祭礼時に造ったり、沖縄では１９世紀まで神酒（みき）として造られ、アイヌの人たちは熊祭りに使った。

伊藤うめのは、麹法による酒は神が黴で造って自分たちに授けたものと考え、口嚙み酒は神のために造った酒として位置づけている。したがって、口嚙み酒は、造り手が神がかり的巫女であり、彼女らは未婚で、身をきよめ、歯を磨いて嚙むことにより神聖なものとなる。女性は子孫を産むという願望も込められている。しかし、シャーマン性の女性が造るのは原型であって、土地によって、あるいは目的によって変形したものもあった。

『インカ帝国』（泉靖一）によると、インディオの酒チッチャは、原料の玉蜀黍が紀元前１１５０〜１２００年に現れ、紀元前後のティアワナコ文化の頃に造られた酒であるとしている。インカでは、選ばれた女性が尼僧院に送られ、４年間教育されるが、その中にチッチャの造り方もある。これは、シャーマン性巫女と同義と考えられる。一方、アンデスの農民の女性たちの夜の仕事はチッチャ造りであるという。

１９９６年３月２日フジテレビで放映された『グレートジャーニー』の中で、アマゾンの女たちが洗った生のユカイモを何度も嚙み砕いて吐き集め、３日後に飲むのを見た。甘味がなく、ヨーグルト風という。

『酒』（住江金之）での台湾における体験によると、１６才前後の少女が集まって炊いた飯を嚙んでいたという。川越政則の『沖縄風土記』の中に、神酒を嚙む少女は、若くて健康で歯の丈夫なものに限られ、彼女らは斎戒木浴して塩で歯を磨くとある。太平洋上のある島ではキャッサバの澱粉を女性が口に含み吐き出すのをテレビで見たことがある。

日本では口嚙み酒の初見は、『風土記』の大隅国逸文の中の「醸酒」の項である。短文なので転載すると、大隅ノ国ニハ、一家ニ水ト米トヲモウケテ、村ニツゲメグラセバ、男女一所ニアツマリテ、米ヲカミテ、サカブネニハキイレテ、チリジリニカヘリヌ。酒ノ香、イデクルトキ、アツマリテ、カミテハハキイレシモノドモ、コレヲノム。名ズケテクチカミノ酒ト云フ云々、

とある。

この記述には、原料が米であること、男女であること、酒の香の出るまで待つこと、造った人たちが飲むことなど短い文の中に要点が集約されている。ただ、生米なのか飯なのかが不明である。また、なんの目的で造るのかもわからない。しかし、村中に布告することは、日常的なものではなく、何かの催し、やはり祭礼か神事であろうと考えられる。『世界の酒』(住江金之)による中沢亮治の台湾での見聞記には、男女数人が口をよく清めて行うとある。

『日本の酒造りの歩み』(加藤百一)では、技法面から総括している。原料は、東アジアでは米が多いが、台湾では粟、沖縄では粟、稗、玉蜀黍などが米とともに使われ、中南米では玉蜀黍、チリでは小麦も使われた。南太平洋圏ではキャッサバが利用される。造り方には、原料を生のまま、水を加える、酸敗させる、煮炊するなどがある。

チッチャは茹でた玉蜀黍で、吐き出した物料は大瓶に入れられる。原料の澱粉は次第に糖化され、頃合いを見て、水を加えて火を入れる。やがて発酵が始まり、1日たつとできあがる(泉靖一による)。この記述から想像すると、チッチャのアルコール分はごくわずかで、甘くドロッとしたものである。興味を引くのは、火を入れることが殺菌というよりも糖化発酵を促進するための温度上昇と考えられることである。

住江の記録によると、1昼夜ぐらいしてから飲用するので、粥状で甘酒程度の甘さで、アルコール分はほとんどなかったとある。ところが中沢亮治の記録によると、瓶を温め、熱灰の上に載せ、これに噛んだ液1に対して2の割合で新たに水漬粉砕した米粉を加え、等量の水を加えよく混ぜ、ツオウという

草の葉で蓋をする。夏は1昼夜、冬は2昼夜たって飲んでみると、酸味は強いが、爽快で、アルコールが11%、酸が1%近くあったという。

沖縄では、全部噛み終えた時に少量の水を混ぜて、石臼で挽き、どろどろになったところを瓶に入れて密封しておく。4～5日もすると、発酵して甘美な芳香を放つ神酒になる。飲み心地はビールに似ているとある。

以上のことで注目されるのは、噛んだ物料に水を加えること、新たに2倍量の水漬粉砕した米粉を加え、等量の水を加えるという記録である。これはまさに段掛け法である。

『東亜発酵化学論攷』（山崎百治）の中で、口噛み酒の起源について述べられている。まず、その発生地として、南太平洋上の諸群島、南シナ海の島々、ならびにその沿海陸地、中南米、北海道、蒙古、東中国をあげているが、起源地は南洋方面らしいとしている。

加藤百一は、その発生地は明らではないが、穀物以外の含澱粉質植物を常食にしていた地域、例えば東南アジアから南太平洋域の根栽農耕地帯を有力な候補地としている。また、日本列島への伝播は、縄文後期以降であろうと記している。山崎百治は、原料を煮炊きするには土器が必要であるから、新石器時代からあったかもしれないし、土器がなくても生の原料で、目無笊（ざる）（笊に澱粉糊で目をふさいだもの）に吐き溜めて発酵させたとすれば、旧石器時代に遡れるのではないかと想像している。このように考えれば、農耕文化を獲得した人間の最初の酒となる。

諸氏の記述に基づいて口噛み酒の地域をまとめてみると、次のようになる。

ポリネシア―ボルネオ―沿海州―東南アジア―台湾―沖縄―日本
モンゴル―東中国―北海道
中南米―アンデス

こうしてみると、筆者が不思議に思うのは、口噛み酒がいわゆる環太平洋地域に分布していて、中近東とかヨーロッパでは見られないことである。また、『黄土に生まれた酒』（花井四郎）によれば、漢民族も口噛み酒は持たなかった（麹が早くからあったため）。

『モンゴロイドの道』によると、モンゴロイドのグレートジャーニーは、極北の地を通りベーリジアを経て北アメリカ、そして南アメリカに達する経路と、一方は南に下りオセアニア、つまりミクロネシア─メラネシア─ポリネシア─南米の海の経路があった。これは、口噛み酒伝播の地と一致している。『酒と飲酒の文化』の「噛み酒の恍惚剤起源説」（吉田集而）では、口噛み酒の起源として恍惚剤説を掲げている。南太平洋の島々でのカヴァはその典型的例であろうが、これは酒ではない。したがって、経路からポリネシアは除外すべきであろう。しかし、その工程は、口噛み酒そのものである。

モンゴロイドのグレートジャーニーの中で、ユーラシア大陸では狩猟生活が主で、特にマンモスのような大型動物を追って北アメリカに達したと考えられている。イヌイットやネイティブアメリカンが酒を持たなかったのは、農耕をしていないので澱粉質の食料がなかったからである。これが南アメリカに入ると、農耕生活となり、玉蜀黍を原料とするチッチャという口噛み酒が出てくる。一方、南の経路の中で台湾や琉球、大隅が経路となる。しかし、オーストラリアの先住民のアボリジニは酒を持たなかったが、これも彼らの食料は狩猟によっていたからである。このように考えると、モンゴロイドの人たちは、狩猟生活をしていた時は酒を持たなかったが、農耕生活に入るに従って口噛み酒を造るようになった。口で噛んで酒を造る行為は、モンゴロイドのＤＮＡに組み込まれているといえそうである。つまり、口噛み酒はモンゴロイドの酒ということである。

石毛直道（『酒と飲食文化』）は、口噛み酒は古代には各地で行われていたであろうが、旧世界ではモヤシや黴を用いる酒造りにとって代わられてしまったと想像している。石毛は、中近東やヨーロッパ文化圏ではいち早く椰子酒、蜂蜜酒、ビール、ワイン、乳酒が造られ、特にビールとワインは神への捧げものとして扱かわれていた一方、椰子酒や蜂蜜酒は自然に発酵するものであり、シャーマニズム的要素の介入の余地がなかったと思っている。ビールやワインは人間の手（技術）を経ており、このような酒は神に捧げて神への感謝と神とのつながりを意識できた。このような酒のあった地域では口噛み酒の発想の必要がなかった。逆にいえば、口噛み酒の地域には他に人間の手による酒がなかったのである。

口噛み酒のもう一つの疑問は、唾液に澱粉質を糖化する力のあることは口中での甘味から認識されたと理解されるが、口中で噛んだものを吐き貯めて発酵させて酒にするという発想がどのようにして得られたのであろうか。

『東亜発酵化学論攷』（山崎百治）で述べているように、母親が噛んだものを子供に食べさせる習慣とか、鳥類の中には、親鳥の胃袋で消化したものを吐き出して雛に餌として与えることの見聞がヒントになったことはありそうなことではある。しかし、酒との結びつきはどうであろうか。おそらく、吐き貯めたものを神に捧げている間に自然に発酵して芳香性で甘美な飲物として認識されたとみるのが妥当といえる。

インディオの酒　チッチャ

アメリカ大陸がコロンブスによって発見されたことは子どもでも知っている。しかし、コロンブス自身は、その後にも遠征したにもかかわらず、そこをインドだと信じ、そこの原住民をインディオ、つまりインド人と呼んでいた。この呼び方がいまもって踏襲されている。

『インカ帝国』（泉靖一）によると、インディオたちがどこから来たのかにはいろいろな説がある。1万年という長い年月の隔たりにより旧大陸との連関度も希薄になったが、やはりその起源は旧大陸とみるのが妥当のようである。

農作物を見ると、世界に拡散されているもので、新大陸起源のものがある。馬鈴薯、玉蜀黍、トマト、パイナップル、落花生などが新大陸からもたらされたことに驚かされる。

南アメリカの太平洋岸のアンデス山脈一帯に文化が芽生えたといわれる。長い狩猟生活を経て、農業が始められたのは、紀元前2500年からである。紀元前1150～200年に突然玉蜀黍が現れる。この頃はチャピン文化といわれ、その後、紀元前後の時代を泉は前開花期と呼び、この時期(ティアワナコ文化)にインディオの酒、チッチャ(Chica)が造られた。これはその後インカ帝国を経て現在まで続いている。

チッチャは冠婚葬祭、戦勝の酒でもある。六月には、その年穫れた玉蜀黍から造り、太陽に捧げる。インカ帝国では、選ばれた女性が尼僧院に送られ、4年の間、作法、宗教、紡績と料理、およびチッチャの醸し方を教育された。このチッチャを醸すことは大切な仕事の一つであった。

アンデスの農民、特に女性たちの夜の仕事はチッチャを造ることにある。その方法は、玉蜀黍を茹で、これを女たちが噛んで大瓶の中に吐き出す。玉蜀黍の澱粉は次第に糖化する。頃合いを見計らって水を加え火を入れる。やがて発酵が始まり、1日たつと立派なチッチャができあがる。

南アメリカの一部には玉蜀黍を発芽させたものに口噛みの技法を併用している。インカの年代記には口噛みを伴わないモヤシを利用して糖化させた酒の存在がうかがわれることである。

蜜酒

蜜酒は蜂蜜を原料とした酒であるが、神話にもよく出てくるぐらい人間にとっては古い酒である。しかも、現在でも飲まれているものなので、ワインやビールと並んで人間の歴史とともに歩んできた酒といえる。

『明治屋酒類辞典』によると、梵語でマドウ、また蜜、ミード、ウェールズ語のメジィグなど、すべて共通の語源とのことである。蜂蜜に、葡萄汁を加えたものをピィメント(Pyment)、林檎汁を加えたものをシスター(Cyster)、麦芽の諸味を加えたものをメテグリン(Metheglin)という。現在でもイングランドではミード(Mead)としてピィメント様のものを造っている。なかにはハネーワインと表示してハネームーンに飲むようにというのは粋なことである。ドイツには蒸留酒に蜂蜜を加えたリキュールがあるが、ラベルの図案は熊と蜂で、熊が蜂蜜が好きなことに由来している。

中世でも蜂蜜は容易に入手でき、しかも貯蔵できることから、家庭で蜜酒を造ることは普通に行われていた。蜂蜜を薄めただけでは酵母にとっては栄養分が不足して発酵しにくい。それで葡萄汁とか林檎汁を混ぜるやり方が普及した。

初めは自然の蜂の巣から蜜を集めたのだろうが、養蜂による蜂蜜の生産は古くから行われるようになっていた。メソポタミアや古代エジプトには既に養蜂が普及していた。このことから、蜜酒も古い酒の一つといえる。

神話の中の次の物語が目を引く。『北欧神話』(山室静訳)の「オーディンと詩の起源」より引用する。

まだ世界がつくられたばかりの頃だった。アスガルトの神がみと海の国の神がみヴァニール達の間に戦いが起こった。長い戦いの後、神がみは仲直りして人質をだしあった。海の国からニオルド親子、アスガルドからはヘニールが人質となった。両方の神がみは平和の印に一つの壺の中に唾はきこんだ。その唾液でひとりの人間をつくってクワシール(知識の意)と名付けた。

彼は賢くて、どんなことでも知らないことがなかった。そして人びとにその知識を授けるために世界を旅して回った。ある時、小人の兄弟のところへ行くと、腹黒い彼らはクワシールを殺してしまった。その血を二つの大壷と一つの鍋に入れ、蜂蜜を混ぜて蜜酒をつくった。この蜜酒には不思議な力があった。それを飲むと詩人になって美しい歌がつくれるようになるのだった。

もう一つの話は、天上のワルハラという大広間では日毎蜜酒を飲む場面が出てくる。主神オーディンはこのワルハラで宴会を催し、ご馳走や蜜酒がふんだんに出てくる。いくら飲んでも食べても限りがない。酒の方は、ワルハラの上に覆い被さったイグドラシル(トネリコ)の梢にヘイドルンという一頭の牝山羊がいて、その大きな乳房から無限に蜜酒をほとばらせた。ここで山羊の乳房から蜜酒がでるというのも不思議な話であるが、蜜のように甘い酒という意味合いではなかろうか。

『ファラオの食卓』(吉村作治)によると、エジプトの古王国時代の初め(紀元前2690年頃)には、蜂蜜の収集が行われていた。当然、野生の蜜蜂である。しかし、少なくとも第五王朝期(紀元前2400年頃)には職業としての養蜂が行われるようになっていた。蜂蜜は特にミン神の好む食物で、その儀式には蜂蜜が大量に奉納されたという。また、アプシールにあるネウセラー王(第五王朝)の太陽神殿に残る壁画に養蜂の図がある。

また吉村は、エジプトの養蜂について、紀元前4世紀半ばまでは、甘味料として蜂蜜とイナゴ豆の種が使われていた(砂糖を伝えたのはアレキサンダー大王といわれている)。蜂蜜の起源について、古代エジプトには次の物語があった。昔、ある時にラー神が涙を流した。すると、彼の目から落ちた一滴の涙が一匹の蜂に変わり、すぐに巣をつくった。そして蜂は忙しく花の間を飛び回って蜜を集めた。こうしてエジプト人は蜂蜜を知ったという。

ギリシャ神話では、アリスタイオスが養蜂の始祖とされている。彼は水のニュンペーのキュレーネの息子で、牧畜もやり、葡萄やオリーブの栽培も得意であった。蜜蜂を飼い慣らして蜜を採ることを知っていた。彼は詩人で、楽人のオルペウスと結婚した新妻エウエリュディケに懸想し、結局、彼女を死に追いやってしまう。その罰でアリスタイオスの飼っていた蜜蜂は全滅してしまう。母親のキュレーヌは予言者のプロテウスに聞けば蜜蜂の死んだ原因もその再生法もわかると教える。彼はやっとのことで予言者から「エウリュデケを死なせたためにニュムペーたちが怒り蜜蜂を殺したのだ。その怒りを和らげるためには、牡牛と牝牛と4頭ずつえらび、4つの祭壇をもうけて、牛たちを生けにえにして林の中にすておくこと。それから、オルペウスとエウリュデケの供養をすること。そうして9日経たら生けにえにした動物の死体をしらべてみるがよい」といわれる。彼はそのとおりにしてみると、動物の死体に一つに蜜蜂が大きな巣をつくり群れていた。こうして、アリスタイオスは養蜂を続けることができた。

T・ブルフィンチの文章を紹介する［『ギリシャ・ローマ』（大久保博訳）］と、

人間自分達の利益のために下等な動物の本能を利用することがある。そうしたことから蜜蜂を飼う術も生まれた。蜂蜜は初めのころは野生の産物と考えられていたに違いない。なぜなら、蜜蜂は洞ろな木の幹や、岩の窪みや、あるいはそれに似た穴などどんなところにでも見つかり次第、巣を作っていたからである。だから時には動物の死骸がそうした目的のために蜜蜂によって占領されたこともあったろうと思われる。蜜蜂は動物の腐肉から生まれてくるのだと言うような迷信が起こったのも、きっとこうした出来事からなのであろう。

多田鉄之助（『食味の真髄』）もこの物語を紹介し、

要するに養蜂の古い歴史と砂糖なき時代に重要な甘味料としての蜂蜜の存在性を裏書するのが、この物語であろう。また蜂蜜は一方においてはこれを材料にして蜜酒を造る習慣もあったことは知ることが出来る、

と述べている。

プリニュウスの『博物誌』（中野定雄他訳）には次のような記述がある。

酒は水とハチ蜜だけでつくれる。そのためには天水を5年間貯えておく。降ってまもない雨水を使うのも良い。三分の一に煮詰め、古いハチ蜜一に水三の割で加え、シリウス星が昇った後、40日間天日に曝らしておく。

また、

ハチ蜜をブドウ酒に加えた最初の人はアリスタイオスである。アパメイアブドウ酒はハチ蜜ブド

ウ酒に適している。最上のハチ蜜酒は必ず古い酒でつくる。

最近、『ハチミツ酒について』（寺本祐司）で、ヨーロッパの岩絵から養蜂が古いことを示している。また中国には7世紀には蜜酒があったことをHuangの著述から引用し、またエチオピアやケニア、さらにドイツのBaren Mat、Barenjagerを紹介している。

椰子酒

椰子は、古代からエジプト、東南アジア、中国、そして南太平洋の島々に繁茂していた。ギリシャのヘロドトスは次のように記している。

古代のエジプト人は、ミイラを作る際に、パーム椰子の酒を使った。内臓を取り出した後の洗浄に使った。


酒を油と訳した本があるが、間違いである。

『香料の道』、『香薬東西』（山田憲太郎）では、没薬、肉桂、その他のスパイスの香膏とパーム椰子の酒がミイラ作りに不可欠であったとしている。パーム椰子の実は、エジプトからオリエント一帯にかけて人々になくてならない食料資源であった。花の周りの大花包を刺し通すと、シロップ状の液が出る。これを集めたのがパーム酒である。バイブルの中にもパーム酒の話がでてくる。プリニュウスの２０００年前の記述として、椰子の種類には４９種もあって、世界の気候の温かい土地に生育しているとしている。土地によっては、実がならなかったり、実は結ぶが熟さなかったりする。そして、東方では酒を造ると述べている。さらに、カリオエから造った酒はひどく頭にこたえることから、棗椰子の名がつけられた。この時代に既に椰子酒はよく知られていた。

宗書『三仏斉国伝』に、

花酒、椰子酒、びんろう酒、蜜酒有り、皆麹蘖の醞す所に非ざるも、之も飲まば亦酔う、とある。三仏斉国は現在のインドネシアのことである。

『世界の酒』（中尾佐助）によれば、椰子酒は熱帯、亜熱帯各地に分布する。かっては、北アフリカから中東にかけて棗椰子の酒が造られた。東南アジアからカロリン諸島にかけては、サトウヤシ、ニッパヤシ、ココヤシなど様々な椰子類が酒造りに利用されたという。

プリニュウスは椰子酒の造り方には触れていないが、実の汁から造ると思っていたらしい。マルコ・ポーロも汁のとり方を見誤っている。『世界の酒』（石毛直道）によると、椰子の花軸が30〜40センチメートルぐらいに伸びた頃、周りにロープを巻きつけて結び、その先端を切断し、そこに容器を取り付けておくと、汁液が溜まる。2〜3日で酒になる。

このように、椰子の花軸を切ってそこから出る汁には甘味がある。古代の人がこの汁に気がつくのは容易だったと筆者には思える。花軸が例えば風で折れてそこから甘い汁が滴り落ちるのを知って、これを何らかの容器で集める。この汁が自然に発酵して酒となる。この芳香を発し、心地よい酒は彼らの貴重な飲物となる。椰子は古代から自生し、また栽培もされていたので、椰子酒こそが人間が最初に発見した酒であったともいえる。

『酒と飲酒文化』（石毛直道）では、次のように述べている。樹液の酒としてアフリカからインドにかけての乾燥地帯では、棗椰子の酒が分布する。熱帯アフリカではラフィアヤシ、アブラヤシなど様々な種類の椰子が酒造りに利用される。インドから東南アジア、ミクロネシアとメラネシアの一部にかけてはココヤシ、サトウヤシが原料とされる。

『アフリカのヤシ酒』（塙狼星、市川光雄）では、アフリカの椰子酒について詳細に述べている。

椰子酒の原料となる椰子はラフィアヤシ、アブラヤシ、オウギヤシである。ラフィアヤシはその葉が巨大で建物や建材として利用される。アブラヤシはその名が示すように中果皮からパーム油がとれる。

樹液を採る方法は、
1　椰子の木を切り倒して先端の成長部を切り、出てくる液を採取する。
2　コンゴ北部では樹冠の未展開の若葉の葉柄と茎を裸出させ、切り込みをつくり、下面を水平にする。ここからしみ出す樹液を集める。
3　アブラヤシの場合(西アフリカ)、花柄を切って樹液を採取する。
樹液は4・3％の蔗糖、3・4％のブトウ糖、7種の有機酸とアミノ酸類を含む。

『ヤシ酒の産地を訪ねて』(大森清隆)によると、フィリピンのココヤシの場合、蔗糖17・8％を含み、約8％のアルコールができる。これをトゥバという。これを蒸留したものをランバノグ(Lambanog)という。

乳　酒

西アジアから東アジアの広大な草原やステップ地域では、多くの遊牧民族の興亡が繰り返された。乳酒は、これらの民族に受け継がれてきた伝播の酒といえよう。史的に伝えられる民族は、キンメリア、スキタイ、サルマート、匈奴、東胡、月氏、鮮卑、丁零、高車、柔然、フタル、突厥、ウイグル、モンゴルである。このうちスキタイは、紀元前8世紀頃、轡(くつわ)を発明して騎馬民族となり、やがて馬上弓射法を会得した。このことが遊牧民族を騎馬民族にならしめ、草原の覇者が出現する。

人間と動物の乳との関わり合いは1万年前に遡るといわれる。そして乳の加工を考案する中で乳酒が生まれた。

乳酒は、遊牧民族、さらには騎馬民族の酒といえる。多くの酒が農作物を原料にしているのに対し、である。

唯一の動物源の酒である。動物は、山羊、羊、駱駝、牛、そして馬で、その乳を利用する。乳は、そのまま、あるいはバター、チーズとして人間が利用する古代からの文化の元であり、乳酒はその中の一つである。

乳を利用するには、動物の家畜化が先決条件である。遊牧民が家畜にしやすかったのは、山羊、羊、駱駝であり、次いで牛であったと考えられる。馬を家畜化し、さらに騎乗するようになるのはかなり後のことであり、騎馬民族の出現につながることである。したがって、乳を加工して酪製品をつくり、酒にしたのもこの家畜化の順であろうと考えられ、最も普及した馬乳酒は一番新しいといえるのではなかろうか。

乳酒は、アルコールの低いことからも致酔飲料ではなく、乾燥地帯での水分補強の飲料であり、乳の保存法のひとつであるともいえる。

山羊乳酒は、ロシアやブルガリアではケフィール、モンゴルではエラーゲと呼ばれ、馬乳酒は、中央アジアではクミーズ、ケミズなど、突厥語ではコスモス、その他ではカモスと呼ばれる。『乳酒の研究』(越智猛夫)によると、モンゴルでは動物の違いにより、馬乳酒はグーニー・アイラグ、駱駝乳酒はインゲニ・アイラグ、牛乳酒はウオーニー・アイラグという。単にアイラグといえば馬乳酒を指す。モンゴルでは2300年前から造られているという。

乳酒の記録はヘロドトスのものが最古であろうが、彼によれば、乳酒はスキタイ人のもので、それは発酵した牛乳から造る酸性ビールに似た飲み物であるとしている。スキタイはイラン系民族であるが、史上最初の完全な騎馬民族であった。スキタイが史上に現れるのは、紀元前8世紀であるが、彼らはワインも知っていた。というのは黒海北岸に設けられた多くのギリシャ植民市を保護し、ここからギリシャ製品(この中にワインもあった)を輸入し、麦などの穀類、皮革、奴隷などを輸出していた。このスキタイ文化(この中には精巧な金の加工、細工がある)を取り入れたのが匈奴である。

匈奴は、東アジアにおける最初の強大な騎馬民族で、紀元前4世紀頃に陰山山脈の南北一帯に根拠地を置いていた。紀元前3世紀末に冒頓単于（ぼくとつぜんう）が出て、蒙古高原の全遊牧民族を統一して騎馬民族国家を建設した。

彼らは穹廬（きゅうろ）といわれた房車に寝起きし、家畜の肉を焼いて食べ、馬乳酒、ヨーグルト、チーズなどの乳製品を嗜んだ。これらの食文化は、スキタイから取り入れたことは十分考えられる。また、盟約のやり方は、匈奴とはよく似ていて、自分の血を酒に垂らし、刀や銅の匙で混ぜ、互いに飲んで誓約した。髑髏（どくろ）杯を使うことも共通していた。

その後の騎馬民族国家は突厥で、彼らの衣食住は本質的に匈奴とあまり違わなかった。中国の文献によると、彼らは「馬乳酒を飲んで酔っぱらい、互いに歌を唱し合う」とある。

約2千年前の中山王国の王墓の発掘品の中に2個の青銅容器があり、その中に酒らしき液体があり、分析の結果から乳酒らしいと報告されている（４１頁参照）。

ヘンリー・ランスデルは、『西トルキスタンへの旅』（大場正史訳）の中で、

ステップの慣習が、ヘブライ人の先祖の牧羊生活を非常に多くの点で説明してくれる。キルギスの大平原では歴史のページに記録された最古の牧羊生活に最も近い形式のものをいまにおいて見ることができる、

と書いてある。キルギスは結骨と書き、バイカル湖の西側にあったが、紀元５００年頃突厥王国に併合された。

３０００年前からの言い伝えとして、駱駝で砂漠を旅する商人が水筒に山羊の乳を入れて出かけた。ある時、疲れを癒そうとして水筒を開けたところ、中から透明な液体と白くて柔らかい塊が出てきた。その商人は透明な液体と白い塊を食べて飢えを満たしたというのがある。

このように、乳が長い間振盪されると、固液分離して蛋白質（乳酪）と乳清部分に分かれる現象は古く

から知られていたらしい。NHKの『シルクロードの旅』で見たが、今でも遊牧民が山羊乳からチーズをつくる方法として、山羊の皮袋に乳を入れて、女性が数時間も転がして内容物を撹拌する。こうすると、乳は固まり、これを濾し取って塩と捏て供え餅状に固めてテントの上で乾かす。これが彼らのチーズである。液体部分は、おそらく発酵させて乳酒にするのだろう。

マルコ・ポーロは、『東方見聞録』（青木富太郎訳）で、

馬乳を皮袋にいれ、その袋をながい間、棍棒をもって打ったり、撹拌したりして、中の乳を振とうすることによって造られる酸味を帯びた酒が乳酒、

と述べている。

ヘンリー・ランスデルは、紀行文の中で、

わたしは奇妙な棒があるのに気が付いた。それは、ホーキの柄ぐらいの大きさでしんちゅうとスチールの象がんがしてあって、その頭には、長さ4～5センチメートルばかりの飾りがついていた。それはクミスをかき回す道具であった、

と書いている。

日本のシルクロード大谷探検隊に参加した吉川小一郎［『シルクロード探検』（大谷探検隊・長沢和俊編）］は、

蒙古女の乳しぼり、34～5才の母親はすばやく30頭あまりの牛から2時間ほどのうちに乳をしぼりとってしまった。片目の父親はその乳を汚い大きな皮袋に入れて、こん棒でしきりとかきまぜている。これが彼らの常食である乳酪、生蘇、熟蘇、醍醐およびその他酒類になるのである、

と表現している。

山羊の皮袋に棒を差し込んで撹拌する方法が現在も行われていることを『世界の酒』（中尾佐助）で写真とともに説明されている。また、壺に乳を入れて、棒を差し込み、この棒に紐をかけ前後に引くこと

で棒を回転させる方法もある。

越智猛夫によると、撹拌棒は先端に蓮を輪切りにしたようなものがついている。

その他の探検家たちの紀行文を読むと、S・I・スミグノフは『コンロン紀行』（須田正雄訳）の中で、

わたしたちの到着を知ったニコラエフの細君は非常に喜び、直ちにわたしたちを迎え入れて、クミーズと子羊の焼き肉をご馳走してくれた。そして、これらはキルギス人から非常に安価で買えることも教えられた、

とある。

O・ラティモア『西域への砂漠の道』（谷口睦男訳）は、「クミーズは夏のあいだに発酵させる」と記し、N・M・ブルジェワルスキー『黄河源流からロプ湖へ』（加藤九祚・中野好之訳）は、モンゴール人の生活としてクミーズは人を酔わせる。夏には牛乳またはクミーズを勧める、としている。

また、L・ドローヌ『シナ奥地を行く』（矢島文夫・石沢良昭訳）は、

どのお客にも、一杯のバターかクリーム入りの茶、それに発酵した牛乳から作る酸性ビールに似た飲物がふるまわれる、

と記している。

乳酒を醸造学的に考えてみよう。やや古いが『総合農産製造学』（高橋偵造）から引用する。

ケフィールは古くコーカサス地方で造られた乳酒とされ、もとは山羊乳が原料であったが、後には牛乳も使われるようになったらしい。その造り方は新鮮な牛乳とケフィール種を使う。この種は帯黄白色で、径1～50ミリメートルの塊状で、ち密で弾力性があり、やや変敗バターのような特異臭がある。これには酵母と細菌がいるが、細菌は丈夫な菌で乾燥に耐え、熱にも強い。

仕込み方は、ケフィール種を3時間程微温湯に浸漬して膨張させ目の細かいフルイに移して水洗し、温乳に入れる。古い乳汁はフルイで濾して捨て、新鮮乳を加えて約一週間この操作を繰り返す。

細菌の働きが活発になると、臭みが消えて新鮮な酸乳に似て来る。これが酒母になる。約3倍量の新鮮牛乳あるいは一度煮沸し冷やした物に酒母を加え、15～17度に保って発酵させる。時々振とうして約12時間後濾過する。濾液に同量の牛乳を混ぜ、12～15度で2～3日経つと飲めるようになる。良いものは強く泡立ち濁っているが凝固物はない。

その分析値をみると、アルコールは馬乳酒より低いが、脂肪分が多く、酸味があって、コクのあるものと思われる。

水分89・00　脂肪3・63　カゼイン2・56　アルブミン0・39

ペプトン0・12　乳糖1・67　乳酸0・90　アルコール1・10　灰分0・63

『一万年の足音』(鴇田文三郎)に引用されている方法も大同小異であるが、ケフィール種は乾燥しておくと、1年間は十分生きているとしている。

鴇田は、クーミスについて次のように述べている。

古乳酒の残渣を日光にさらして乾燥し、これに新鮮馬乳を加え、間断なく攪拌すること約四分の一時間、夜間は静置し、翌朝さらに新鮮馬乳を加え、2日間絶えず攪拌する。第2日の夕刻にいたれば弱き馬乳酒を得る。その過半を別器に移し、残りの乳酒に新鮮馬乳を加え、前のようにする。日を経るに従い、ようやく発酵して良好の乳酒となる。

24日間も発酵を続けたものはアルコール分が2・89%もあったという。

『醍醐考』(越智猛夫)によると、モンゴルでのアイラグは次のようにして造られるという。まずアイラグ造りの道具として、皮袋(トウラム)があり、いくつかの容量のものがある。25～30Lのボルビーは前培養、輸送用に使われ、60～100Lのホフールは発酵用に使われる(桶や樽も使われる)。

アイラグの酛はホップといい、羊毛、生綿、米に吸着させて保管している。攪拌は微生物の増殖を促進し、酛種は牛乳や山羊乳の脱脂したものに増殖させる。ホップでの酵母と乳酸菌の比率は2：1で、酸度は96～120T（0・1Nアルカリ液の測定値×10）である。酵母は乳酸発酵性のサッカロミセス・ラクチスで、乳酸菌はストレプトコッカス・ラクチス、ラクトバクテリウム・ブルガリクスが分離されている。

ホップに馬乳を加えボルビーで前培養し、さらにホフールで発酵させる。

乳酒のアルコール度は原料の乳糖含量に左右されるが、馬乳が最も多い（馬6・3～7・5％、駱駝4・9％、牛4・6％、山羊、羊4・6％）。

乳酒の成分は、アルコール1・5～2・2％、酸度約100T、乳糖約2％、蛋白質1・8～2・8％、脂肪約2％である。

ビールの起源と伝播

ルーブル美術館にあるブリュウの記念碑は、紀元前4000年のものとされているが、シュメール人が農耕の神ニンハラに捧げるビールの造り方が刻まれている。これはビールの記録としては最古のものとされている。その頃のビールの造り方は、大麦を水に漬けて発芽させ、天日で乾燥して麦芽とする。別にエンメル系の小麦を砕いて皮を剥ぎ麦芽と一緒に粉砕して、その粉をからパンをつくった。これを砕いて湯に溶いてビールにした。つまり、ビールパンである。シュメール人は、この頃既にエンメル系の二粒小麦と六条大麦を栽培してビールを造っていたのである。

ビールの起源はパンにあるわけで、その歴史はさらに古くなる。創世期には、アダムとイヴがエデンの園から追放される際、神は「汝は額に汗してパンを食い、ついに土に帰るであろう」といった。また、ヘブロンにおけるアブラハムの項で、妻のサラに「早くミセヤの小麦粉とパン粉を捏ねてお菓子をつくっておくれ」という。さらに、ソドムの滅亡の項で、ロトは種を入れないパンを焼いたとある。モーゼの出エジプトの際も種を入れないパンであった。

レーモン・カルヴェン『『パン』（山本直之訳）』によれば、旧約聖書では小麦粉を捏ねてお菓子をつくること、一方では種を入れてパンをつくるという2つの方法があった。私たちが興味を持つのは種を入れたパンで、これらはまさにパン種こそ酵母菌であって、現代のパンづくりと基本的に変わらないことであり、発酵現象が認識されていたことである。パン種はパン職人にとって命ともいうべきもので、職場を変える際には自分のパン種を秘かに持っていくという。

バビロニアでは紀元前1900年頃、現在のようなパン小麦が現れ、エンメル系の小麦はたちまち駆逐された。この結果、パン小麦は製粉、製パンに用いられ、大麦はビール原料として重要なものとなった。この頃の大麦は六条種で、現在の二条種が現れるのは紀元前後といわれている。

エジプトでは紀元前2500〜2000年の王の墓の壁画にパン焼きの工程が画かれている。『ファラオの食卓』（吉村作治）によれば、紀元前13世紀のエジプトの物語の中に「二兄弟物語」というのがあって、その中に古代エジプトで穀物の中心は大麦と小麦で、大麦は二条種と六条種、小麦はエンメル、マカロニ、普通小麦、パン小麦と多種類のものがナイル沿岸全域で既に栽培されていた。ビールパンのつくり方は、シュメールとほとんど同じで、旅行者や出征軍人らによって携帯され、必要な時に水に混ぜて発酵させビールとして飲んだ。こうすれば水にあたることはなかった。これはビールというよりも現代のロシアのクワスに近い。

発見された古代のビール壺の中には残り滓（かす）があり、エンメル小麦の穀粒、黴、細菌とともに酵母菌が見つかっている。中でも酵母は現在のものに匹敵するほど純粋であったという。

以上のことを科学面から推論してみると、現在パンを焼く釜の温度は250℃以上あるが、それでもパンの内部の温度はせいぜい60℃ぐらいである。ビールパンはより低い温度で焼いたらしいので、パンの内部の酵母が死滅せず、また麦芽由来の糖化酵素も破壊されずに残っていたと考えられる。したがって、このパンを砕いて水に浸せば、麦の澱粉質は糖化され、発酵も容易に起こることになる。

『ビール礼賛』（山本幸雄）では、フーバーの記述を次のように引用している。

メソポタミアでは16種類のビールがあって、そのうち8種類はエンメル小麦系のもの、5種類は大麦、3種類は大麦と小麦を混ぜたものであった。これらの中には色の淡い軽いもの、濃い色のものとあった。当時のビールは濁り酒で多くの場合飲むときはストローを用いその上澄みを吸飲する。

このように古代のビールに原料の違い、つくり方の違いから多種類のものがあったことは驚きである。また、山本は、古代バビロニアの人々が1年に飲むビールの量を1人当り708Lと推算している。これは現在のドイツの消費量の6倍にもなる。バビロニア王国の第六代目のハムラビ大王（紀元前1800年）の有名な法典の中には、ビールの取締規則や罰則が記されている。当時の人たちがいかにたくさん飲んでいたかは、バビロニアには醸造所兼ビアホールが至る所にあって、飲み代はすべて穀類で支払われていた。ビアホールの管理、ビール造りもすべて女性が行っていた。

バビロニアは紀元前8～7世紀にアッシリアによって統一され、ビール製造法はアッシリア人に受け継がれ、広くその支配地に伝播した。さらにビールは、メソポタミアからアラビアを経てアビシニア（今のエチオピア）に伝わった。一方、コーカサスを支配していたスキタイ人は、メソポタミアのビールの造り方を学んだに違いない。しかし、彼らがその後、東方の地域にビールを伝播したかどうかは不明である。

エジプトでは、ビールの清澄に苦心していて、ふるいで濾したものにさらに陶土を加えたりした。古代エジプト人は、バビロニア人のようにビールをストローで飲む絵は少なく、たいがいは広口のガラス製杯を使用している。

古代ギリシャでは、羊飼いの飲み物としてビールは普及していたが、それほど発達しなかった。ギリシャは雨量が少なく、土地も痩せていて、穀類の栽培よりも葡萄に適し、ワインが発達した。ギリシャ文明を受け継いだローマ帝国もワインを重要視したが、一般市民の間ではビールが広く飲まれていたらしい。シーザーの『ガリア戦記』には、ガリア人(ケルト人)は、穀類を栽培し、それから酒(ビール)を造っていたとある。当時のケルト人は、家ごとに主婦がビールを造っていた。彼らは、麦芽パンをつくらず、発芽した穀類を乾かした後、砕いて水を加え、焼いた石を投入して温度を上げ、糖化を行った。つまり、現代のビール醸造法は、これと基本的に同じなのである。

『金のジョッキに銀の泡』(原田恒雄)では、ビールの多元発生説のあることを紹介している。昔、ゲルマン人はライ麦を食糧にしていたが、彼らは粉食でなく、粥に煮て食べていた。ビールもライ麦の麦芽を挽き割り、粥に温めて甘い麦汁をつくり、これをビールにした。これをヨーロッパのビールの起源とする説もある。

『ビール礼賛』(山本幸雄)によると、古代のビールの呼び方は、次のようであった。

シカル、セカール：バビロニア
ヘクア、ボーサ：エジプト
ルーダ：アルメニア、コーカサス
フォッカ、マサール：アラビア
タール：アビシニア(エチオピア)
サボス：トルコ、トラキア
ザザバヤ、バリビア、チトス：ギリシャ
チトス：ローマ
ブスカ：ゲルマニア

ケレビシア：ガリア
セリア：イスパニア
アル、アルート：ブリタニア
エール：スカンジナビア

ビールの変遷

グルートビールからホップビールへ　現在のビールは、泡立ちがよく、苦みのきいたものが大半であるが、これはホップを使用しているからといってよい。では、ホップがいつ頃から使われたのか、それ以前はどうであったかを探る必要がある。

エジプトでは、ビールをもとにして、これにいろいろの薬草を添加していたが、この方法は中世にも引き継がれた。このようなビールをグルート(Grut)と呼んだ。同様なことはワインでも行われ、その名残りが現在まで続いているのがヴェルモットとかギリシャのレチナワインである。このように、薬草や草根木皮を添加したのは、ビールやワインの日持ちをいかに長くするかの知恵であった。また、保健強壮の意味もあったのであろう。グルートには、杜松、コリアンダー、アニス、ニガヨモギ、月桂樹、丁子、竜胆(りんどう)、樹皮などが使われ、その配合比は極秘であった。

12～15世紀は、僧院、領主、都市がビール醸造権を握って、それぞれの収入源としていた時代であった。これらの醸造権者は中世のビールの普及に貢献したが、長い間のグルートの使用に馴れるうち、中には品質粗悪のものや麻酔性のあるものも出てきた。このことはグルートビールの減退の一因ともなったという。

一方、ホップは、バビロンの昔から健胃鎮静の薬草であった。これは桑科の麻亜科に属する蔓性の植物で、その学名はフルムス・ルプルス(*Humulus lupulus*)といい、地上茎は冬には枯れるが、地下茎と根が越冬する。雌雄異株であるが、ビールに必要なのは雌花の淡緑色の卵形の球果であって、その中にあるルプリンである。球果は、乾燥し脱氣して製造所に運ばれる。ビールに芳香と苦みをつける。また、泡持ちと抗菌性を付与する。

栽培の記録は紀元前6世紀にあるといわれているが、ヨハン・ベックマン[『西洋事物起源』(特許庁技術史研究会訳)]では、ホップの起源について詳述している。

先ず、プリニウスの記録については確証はないとし、845年頃のアラビアの医者メスエがLupulusという植物の薬効について記しているとし、カロリング王朝時代にはホップ園つまりhumulariaeの名がでてくるとし、10世紀の辞書にはHoppeという言葉がでているという。

一方、山本幸雄は、栽培の記録は紀元前6世紀にあるらしいが、最古の記録はドイツのバイエルンで736年であるとしている。『麦酒醸造学』(松山茂助)では、ビールのホップ添加はコーカサスに起こり、アルメニアを経てバビロニアに伝えられ民族移動とともに各地に伝えられたとしている。『ビールうんちく読本』(濱口和夫)でも、ビール用のホップはコーカサス近辺が原産地と記している。ほかに、原産地をトルコとする説もある。

1031年にバイエルンの聖エメラン僧院に麦芽とホップでビールを造ったという記録が見られる。13世紀以降、ホップはビール用として広く栽培された。

この間、グルートに収入源を持っていた領主と修道院との主導権争いが激しかった。一方、秘法のレシピのグルートに対して、ホップは普通の商取引で手にはいるので、都市醸造所は有利であった。13世紀のブラバンド一世は都市側にたってホップビールの普及に努めたので、後にビールの守護聖人とされた。

かくて、16世紀にはグルートビールはホップビールにとって代わったのである。この変遷の説明と

して、ヨハン・ベックマンは、

ホップをビールに添加するのは、心地よい苦味をつけてビールの味を良くし、同時にその保存性を向上させるためである、

といい、原田恒雄も、

ただ一つの緑の花の中に、秘術をつくして配合したグルートも及ばぬ爽やかな香りと、心地よい苦味、それに酒質を向上する性質を兼ね備え、そのうえさらに人の健康に全く無害であったからである、

とし、さらには、

その背景に、ルネッサンスを起動力とする神秘から観察と実証への移行、薬草の科学の進歩、人の健康志向の向上などがあった、

と述べている。

ラウヘンビールの消滅

大麦、小麦に水分を与えて発芽させ、麦芽としてその中の酵素力を利用してきた歴史は古い。エジプト時代には麦芽を天日乾燥していたようであるが、やがて、乾燥に人の手が介入する。燃料は木材であったろうから、当然、麦芽には煙臭が吸着される。したがって、これからできるビールに煙臭が移行する。つまり、ラウヘンビールである。近代になって、麦芽の乾燥のための塔（キルン）がつくられ、無煙炭を燃料とするようになった。こうして煙臭は麦芽から駆逐されたので、ラウヘンビールは姿を消した。しかし、現在でも特別に造っているところがある。筆者は一度フランス製のものを飲んでみたが、やはり現代の嗜好には合わないように思えた。

上面発酵から下面発酵へ

ビールほど古代から現代までの間に大きな変遷をした酒はない。乳酸発酵したどぶろくのようなもの、パンビール、草根木皮の入ったグルートビールやラウヘンビール、そしてホップビールへと変遷した。技術面から見れば、糖化方法、濾過方法の開発、樽発酵からタンク発酵

へ、上面発酵から下面発酵へ変遷した。

ビール製造の発展を科学技術史的に短見してみる。シーザーの頃、ケルト人の糖化法が伝播した。中世には僧院がグルートビールを発展させたが、ホップの優位性の認識から16世紀にはホップビールが大勢を占めた。

イギリスで始まった産業革命は、ビール産業を近代化した。すなはち、1784年、ジェームス・ワットの発明した蒸気機関がイギリスの醸造所で始動した。次いで1822年、スチブンソンが蒸気機関車を開発し、輸送力が飛躍的に増大した。1866年にはドイツのジーメンスが発電機を発明したことにより労力が大いに節約された。さらに画期的発明は、ドイツのリンデの製氷機であった。これは、ミュンヘンのスパーテン醸造所に提供され、こうして低温発酵が可能となり、下面発酵の発展となった。

一方、学問上の発見がいくつかの国で行われた。まず挙げなくてはならないのは、オランダのレーヴェンフックによる顕微鏡の発明で、人間が初めて酵母菌を目にしたことである。1857年にはフランスのパストゥールにより生物発酵説が発表され、発酵現象が酵母菌によることが明らかにされた。さらにパストゥールは、1866年、低温殺菌法の開発をした。この開発のお陰でビールの日持ちは安定し長距離輸送も可能となった。これはやがてワインにも利用された。

デンマークは今でも有名なビール産出国であるが、1888年にカールスベルヒ研究所のハンゼンが酵母の単細胞分離法を開発し純粋培養法を確立した。1897年、ドイツのブフナーは、酵母からチマーゼを発見し、アルコール発酵機構の解明の幕明けとなった。現在、この機構はエムデン・マイエルホッフ・パーナス(EMP)型式として認められている。

ベルギーは、現在でも多種類のビールを生産している。ランビックといわれるもので、果実などを加えている。

現代のビール産業を支えているものに、プラント製造、製缶、製瓶をはじめ、瓶詰機、打栓機、ラベラーなどの製造業における優れた開発があったこと、さらには微生物管理や温度管理技術の進歩があったことがあげられよう。

南アフリカ連邦共和国のソーガムビール

かって筆者は南アフリカ連邦共和国を訪れたことがある。その際、ビールに関して2つの興味ある見聞をした。もちろんヨーロッパタイプのビールが普通に飲まれているが、この他に黒人が愛飲するソーガムビール(Sorghum beer)というのがある。ソーガムは黍の一種である。これはKaffir beer、Bantu beerとも呼ばれるアフリカビールなのである。

筆者が入手したものは、1000ミリL入りの紙パックであった。このことで、ガスがないものだと直感したが、グラスに注いだ途端に驚いたことは白濁したどろどろした感じで、ちょうど酒のどぶろくであった。発酵香はあるが、ホップ香はなく、やや酸臭があり、口にしてみると、酸味が強く、どろっとしていて残念ながら喉を通らなかった。

D・ジョンソンを通じて得たD・フューの調査記を引用すると、これはビールと呼んでいるが、西欧で発展したのとは全く異なる。ホップを使わずに乳酸発酵させているので、酸味が強い。約60時間発酵させるが、消費の時まで発酵が続いていることもある。あらかじめソーガムの皮は除いてあるが、その後は濾過操作がないので約6%の固形物を含んでいる。したがって栄養価が高く、4〜5Lで2800〜3000カロリーもある。26〜30gの蛋白質を含み、ビタミンも多い。アルコールは普通2%ぐらいである。原料は別として、このような飲物はビールの原型であろうとしている。

筆者の南アフリカでの第二の見聞は、ケープから東へ200キロメートルぐらいの所のズールランドという自然動物園を訪ずれた時である。その一角にズール族の昔の生活を再現している所があった。竪穴住居の中に木の繊維で編んだ蓋つきの篭があり、これはビールの容器との説明があった。もちろん、中味はないので、どんなものであったか知るよしもない。

住居の外に、長い板の端を土の中に差し込んだ柵を巡らした所がある。ここに家畜を入れておくのである。そのほぼ中央に直径50センチメートルの穴がある。案内人の説明によると、この穴の中に食糧を埋めて貯蔵したという。これには2つの意味があって、一つは外敵に襲われ住居が焼かれても食糧は安全であること、二つは穀類(粟)を入れておくと、土に接した部分が発芽する。そのおかげで内部の穀類は保存できる。

この説明から筆者が連想したのは、この発芽こそ穀芽を人間が認識した始まりで、さらに、この自然穀芽からビールが造られたのではなかろうかということである。

日本のビール

日本にビールが初めて紹介されたのは、蛮書輸入の禁が解けた1720年(享保5年)以降で、『和蘭問答』に、

酒は葡萄にて作り申し候。また麦にても作り申し候。麦酒給見候処、殊の外悪しき物にて何のあじわいも無御座候。これをびいると申し候、

とある。まさに悪評であるが、低温殺菌法のない時代で、しかも長年月を経ていたことを考えると、劣化していたと考えられる。さらに1798年の大槻盤水、1865年の福沢諭吉などの紹介文がある。ペリーが来航した際の接待役の川本幸民はビールを知り、後に自宅で試醸したという。

明治に入り、輸入ビールに刺激され国産ビール製造への挑戦が始まる。それには、在日外国人、特にウイリアム・コプランドの貢献が特筆される。彼はノルウェー生まれで、ドイツの醸造技師からビールの造り方を5年間学び、後にアメリカに帰化した。明治2年に横浜の天沼で Spring Valley Brewery を設立し、ビールの製造販売を始めた。ラベルは Bavarian Beer であったが、天沼ビールと呼ばれた。

横浜で交易していたオランダ人のヘフトは、ドイツ人のエミル・ヴィーガンドを雇いビール製造を始

めたがうまくいかず、ヴィーガンドはコプランドと一緒になったが、結局、意見が合わず別れた。コプランドも設備資金が不足し閉鎖された。

一方、大阪では官営の通商司(後の開商社)で計画されていたビール醸造を渋谷床三郎が実現した。これは日本人が初めて経営したものであった(渋谷ビール、10年で閉鎖)。

明治7年、近江出身の甲府の野口正章によって三つ鱗ビールが売り出された。このビールはラベルに pale ale と明記し、イギリス型の上面発酵であった。北海道では開拓計画の一環として札幌にビール醸造所ができ、ベルリンでビール醸造を学んだ中川清兵衛が技師として働き、札幌ビールと呼んだ。これにはイギリス留学を果たし北海道開拓史となった村橋久成の貢献があったという。

後に輸入ビールが増加していたこともあって、全国にたくさんできた醸造所の大半が消滅した。その要因は、ビール普及度の低さ、高い設備資金であり、さらに明治30年の輸入ビールへの課税が契機となり、34年に国産ビールへの初めての課税(石当り7円)が行われ、しかも造石税であったため小メーカーに打撃を与えた。これらの重圧に耐えられたのは会社組織のものであった。これらは、醸造機械ならびに技術者をドイツから導入した。その大半は、下面発酵によるラガーで、ピルゼンタイプであった。これがその後の日本のビールを幅の狭いものとした(少量の黒ビールは造られていた)。

日露戦争後の不況の影響で各社とも経営が苦しくなり、過当競争を避けるため財界の有力者の斡旋で、明治39年に札幌麦酒、日本麦酒および大阪麦酒が合併し、大日本麦酒株式会社となった。一方、横浜のザ・ジャパン・ブリューワリは明治40年に麒麟麦酒株式会社となった。大日本麦酒と麒麟麦酒の両社で日本のビールの大半を独占することになった。

第一次世界大戦、日華事変、そして第二次世界大戦という激動期を経る間、いくつかの会社の出現、合併が繰り返された。また、青島、上海、台湾、朝鮮、満州などに進出していたものは敗戦により失われた。戦時中の爆撃によりビール工場も多かれ少なかれ被害を受け、戦後の生産量は8万キロL強で、現在の2%弱であった。

1949年、『集中排除法』により大日本麦酒株式会社は日本麦酒株式会社と朝日麦酒株式会社とに分割され、前者は後に札幌麦酒株式会社となった。集中排除といいながら、日本のビール業界は札幌、朝日、麒麟の寡占状態が続くこととなった。その後、麒麟が大幅に伸張し、一時は60%を超えるシェアを占めた。

1957年に宝酒造株式会社、その頃、那覇でオリオンビールが、そして1963年にはサントリー株式会社がビール業界に参入した(一時、協和発酵株式会社が発泡酒のラヴィーをつくった)。宝ビールは10年あまりで撤退した。サントリーは壽屋時代にオラガビールを発売したことがあり2度目の挑戦である。現在、日本は5社が存在しているが、スーパードライのヒットで朝日が伸張し、麒麟を凌駕している。

従来、ビール製造免許は、ある生産量以上でないと与えられなかったが、1994年に60キロL以上であればよいという規制緩和が施行され、いわゆる地ビールブームが起き、一時は300場にも達した。清酒醸造家、地方自治体などが参画したが、今ではその数は減少している。それらの多くは上面発酵であった。

数年前より麦芽の使用率を低くした発泡酒が開発され、その後、著しく伸張した。税率がビールより低いので、廉価で販売されたためである。ドイツのように『麦芽純粋令』を標榜する面からは考えられないことである。

ワインの起源

ワインの名称は、古くはアルメニア語では gini、ジョルジア語では grino といった。

紀元前１５００年の中央アジアを支配したヒッタイトは、ワインを uiian または uianasと呼んだ。古代ギリシヤでは woinos といったが、その後 oins となった。このものからラテン語およびエトルリア語の vinum が由来し、後に vino、vin、wein、wine のような現代の名称になったという。

葡萄とワインの起源地　その１

葡萄があれば、やがてワインが造られる。原料があって、次に酒となるが、原料葡萄の輸送が困難なために、葡萄産地がワイン産地になる。したがって、ワインのルーツを探ることは、葡萄の起源地を探ることである。

現在、台木用は別として、ワイン用の葡萄は、ヴィティス・ヴィニフェラ（*Vitis vinifera*）、ヴィティス・ラブルスカ（*Vitis labrusca*）、ヴィティス・アムレンシス（*Vitis amurensis*）などに属する。ラブルスカはラテン語では野生の意で、北アメリカの湿地帯を原産地とし、アムレンシスはアムール河地域を原産地とする。

ヴィニフェラはウィニ、つまりワインのできる意であり、原産地はカフカスの南（現在のアルメニア）、あるいはカスピ海の南部というのが定説である。ヒュー・ジョンソン『ワイン物語』（小林章夫訳）は、

　メソポタミアにはブドウはなかったが、カスピ海からペルシャ湾まで南に曲線を画いて延びるザクロス山脈は、野生ブドウにとって絶好の土地を提供していた、

また、

　ヴィティス・ヴィニフェラの自生する地域は、その範囲が著しく縮小した氷河期以降ではペルシャのカスピ海沿岸以西、西ヨーロッパまで広がる温帯地域である、

と述べている。

地球の第四紀氷河時代の一番最後の氷河期は、ヨーロッパのアルプス地方ではヴィルム（Würm）氷期と呼ばれ、紀元前６００００～１００００年の洪積世の後半の時期で、ヨーロッパの中、北部は、氷河で被われていた。この氷河は、スカンジナビア山脈にぶつかる偏西風によるものである。

アンジャルベール(Enjalbert)（『History of Wine and the Vine』)によれば、

ユーラシア大陸では、第三紀ないし第四紀の時期には各地にヴィニフェラ葡萄は生育していたが、氷河期にほとんど消滅した。しかし、リスとヴィルムの2つの氷河期の間に助かった葡萄があった。その場所が黒海の東側のカフカス地域で、寒さからの防壁に囲まれていたためである、としている。

現在のユーラシア大陸にあるヴィニフェラのルーツは、カフカスの葡萄であるとの説は確かと思われる。

つまり、葡萄栽培はグルジア、アルメニアで始まり、メソポタミア、シリアそしてエジプトに拡がったのである。ヒュー・ジョンソンによると、

コーカサス、アナトリア産のブドウは、ヴィティス・ヴィニフェラ・ポンティカと名づけられた。一説によると、この変種は現在のレバノンからフェニキア人によってヨーロッパにまでもたらされ、今日の私たちの多くの白ブドウの祖先になったものである、

また、

ナイル渓谷のブドウは別の亜種であるヴィチス・ヴィニフェラ・オクシデンタリスを生んだといわれている。この種が現存する多くの赤ブドウの祖先だとされている、

となっている。

トルクメン、ホラサンの山地とカラクム砂漠南縁に挟まれた狭いオアシス地帯のある中央アジア南西部では、4000年の昔も今と同じように農作物が実り、人間の丹精によって葡萄が青々としていたという。

しかし、葡萄、即ワインということはいささか早計であり、その間の技術的な進展をどのように捉えるかは議論のあるところである。P・E・L・フリィップ・スミス『農耕の起源と人類の歴史』（河合信訳）

の考え方(先述)は妥当なものといえよう。ワインが猿酒からヒントを得たというような憶説もあるが、これは中国や日本での伝説で、オリエントや西欧にはない。

乾燥地帯での飲料として、葡萄の果汁が利用されたことは十分に可能性のあることであり、これが自然に発酵してワインとなったというのは説得力がある。しかし、果汁を得るためには葡萄を搾る技術が先行する必要があることを忘れてはならない。

カフカス山脈とその周辺が葡萄の起源地となると、この地域での古代民族の動向を探る必要がある（しかし、彼らがワインを造っていたかどうかは別の観点から考究せねばならない)。

この周辺で歴史上最初に姿を現したのはキンメル人で、紀元前7世紀頃に北方のスキタイ人によって征服された。スキタイ遊牧帝国を滅ぼしたのは東からやってきたサルマト人であった。

これより先、紀元前3世紀の頃、東のモンゴリア高原では、匈奴が遊牧帝国をつくり、スキタイ文化も取り入れて南下した。この世紀の後半に西方に移動を開始し、南ロシア平原に侵入し、スキタイ人をクリミア半島方面に追いつめて、ついにその領土を併合した。この頃から西洋にはゲルマン族が現れるのであるが、サルマト人は西へ移動した結果としてゲルマン族と接触することになる。

ゲルマン族の大移動が始まると、サルマト人の大部分はゴート族に伴って南下し、西ヨーロッパに入った。残留したサルマト人は、紀元4世紀には新しく東方から侵入してきたフン族に敗れ、カフカス高原に逃げ込んだ。フン族の一部は、カフカス山脈を越えてイランに侵入し、メソポタミアまで進出した。

一方のスキタイ人は、黒海沿岸のギリシャ植民都市に対しては文化交流の態度をとり、ここでギリシャのワイン文化に接している。しかし、スキタイ人は乳酒文化を持っていたであろうから、自らワインを造らず、貴重な贈物として東方に運んだことであろうと思われる。

このようにこの地域では多くの民族が何らかの形で交流があったので、その間にワイン文化が移行したものであろうと思われる。

ヒュー・ジョンソンは、現在のトランスコーカサスのグルジア人のワインの仕込み方を紹介し、ここが初めて葡萄が踏まれた所かもしれないとしている。その方法の大要は、

ブドウは至るところにあり、家族の人がブドウを長い円錐型の篭に入れて運んでくる。これを中をくり抜いた丸太に明けて、半分ぐらいになると、農夫は足を熱い湯で丁寧に洗う。それから、ゆっくり、慎重に、足が抵抗を感じなくなるまでブドウの房を踏む。発酵容器はクェヴリというカメで木陰に口のところまで地面に埋めてある。この中につぶしたブドウを柄杓ですくい入れ、ほとんど縁の近くまでいっぱいにする。発酵が終わり春になると、棒先に空のひょうたんをつけた柄杓で、ワインをもう一度くみ出して、別のクェヴリに移す。果皮は移さず残す。こうしてカメの中のワインは土の中で貯蔵される、

とある。さらに、

ホメロスの時代からイメレーチ人の習慣はほとんど変わっていない。そしてまたワインの製法も先史時代からほとんど何も変わっていない。ギリシャ人やローマ人はクェヴリのことをそれぞれ、ピトスとかドーリアムと呼んだ。こうした容器の中で古代世界のワインは、発酵したのである。グルジア人とアルメニア人の土地であるトランスコーカサスは、ワイン用ブドウの原産地の一つである。ブドウが初めて踏み搾られた場所、人類が初めてワインの楽しみを発見した場所はここなのかもしれない、

と述べている。

伝説的なワインの起源としては、次の古代ペルシャ王の話が有名である。ワイン発酵の偶然の発見者はペルシャ王ジャムシドの妾である。この王はことのほか葡萄が好きで、いつでも食べられるように陶器の壺に保存していた。ある時、これらの壺を調べていた際、彼は葡萄が甘くなくなっていることに気づき、これを食べるのは危険と考え、その壺に「毒」と表示しておいた。しばらくして、王のハレムの妾

の一人が、自分がもはや愛されていないことを悲しみ、この「毒」で死のうと決意して飲んでしまった。しかし、彼女は死ぬどころか快よい目まいを感じ、もっとその毒を飲む気になった。彼女がこの秘密を王に打ち明けた時、王は狂喜し、二人でこの壺を飲みほしてしまった。つまり、壺の中で葡萄が潰れ発酵してワインとなっていたということになる。現代的に解釈すればマセラシオン・カルボニックによる発酵が起きたわけである。

ワインの起源地　その2

１９８９年９月２３日付の『毎日新聞』に次の記事が出た。表題は「ノアの箱舟発見」とある。

ノアの箱舟漂着の証拠がしばしば発見されるトルコ東部のアララト山（５１６５メートル）で、今度は二人の米国人がヘリコプターで上空を飛行中、南西斜面に四角い船の形になった部分を見つけた。二人は「百％箱舟に間違いない」と自信のほどを披露、来年６月には考古学者らを含むチームを組んで発見場所への登山を試みる云々。

旧ソ連との国境のこの辺りは、通常は氷河に覆われているが、この夏は気温が高く氷河の溶け方が激しかったため箱舟の残骸が地表に現れたという。発見場所は標高４４００メートルの斜面で、写真も掲載されているが、箱舟らしいものは、この写真では明らかでない。

その後の結果については発表がない。ノアの箱船が歴史的事実であると信じている人は多い。この説話は『旧約聖書』の創世記の第６章５～１６にある。

ヤハウエは地上の人間達が悪くなったことで人を造ったことを悔い「わたしはわたしが創造した人を地の面から絶滅しよう。人のみならず、家畜も這うものも天の鳥もみな滅ぼしてしまおう。わたしはそれらのものを造ったことを悔いているのだ」。神はその手段として大洪水を用いることにした。しかし、神はノア一家を助けることとした。ノアは神と共に歩き、同時代の中で全き人であった。神はノアに、「ゴーフエルの木で一つの箱舟を作ることを命じた。箱舟の長さは三百尺、幅は五十尺、高さは三十尺。君は君の息子たち、君の妻や息子達の妻らと一緒に箱舟に入りなささい。そうしてすべての生物、すべての肉なるものの中から二匹ずつを箱舟に持って入るのだ。君とともに生かしておくため、それは雄と雌でなければならない。各種の獣、各種の地に這うものもみな二匹ずつ君の所へ持って入って生きのびるようにするのだ。また君は食料になるあらゆる食べ物を取って君の所に集め、君とこれらのものとの食糧にするがよい」と告げた。

ノアはそのようにした後、洪水は40日続き、地上にいた生きとし生けるものは滅ぼされた。ただノアおよび箱舟にいたものだけが残された。この時、ノアは600才であった。150日後、水はひいていった。箱舟はアララト山にとどまった。箱舟から出たノアの子らはセム、ハム、ヤペタであった。ノアは農夫として初めて葡萄を植えた。彼はワインを飲んで酔っぱらい、天幕の中で裸を出していた云々。ノアは洪水の後350年生きた。

ノアが最初に開いた葡萄園はアララト山の北エリヴアンの町の城壁から3マイル離れた所(アルメニアの南部)であったと伝えられている。また、ある説によると、葡萄栽培は箱舟が着地してから5年後であった(ロバート・ハースの年表)。ノアが葡萄を栽培したとはあるが、ワインを造ったとは書いてないから、ノアがワイン造りの最初の人とはいえないという皮肉な考えもある(箱船を方舟とすることもあるが、ここでは箱船に統一した)。

シュメール人の残した粘土板にも洪水の話がある。これは創世記の書かれた時代よりも、2000年も前のものである。その内容はほとんど同じで、創世記はシュメールの洪水説を参考にしたらしい。シュメールの場合は、ギルガメッシュ叙事詩の中にあり、主人公はジウスドラ王で、神を敬う敬虔な王として知られていた。ジウスドラは、植物と人類の種の保存者という称号を与えられ、デイルムンの国、太陽の昇る地に住むことになる。ノアの場合と異なるのは、シュメールの洪水の話では、箱舟をつくる間に牛や羊が殺され、ワインがふるまわれた。このことはノアの箱舟より2000年も前にワインが飲まれていたことになる。ワインは、『旧約聖書』で155箇所に、『新約聖書』で１０箇所に出てくる。『新約聖書』ではカナの饗宴と皮袋の説話が有名である。キリスト教ではワインは最後の晩餐にもあるように重要な物であることから、ノアとワインと結びつけたともいえる。

シュメールの洪水は、歴史的事実であるといわれている。『ノアの大洪水』(金子史朗)によると、『旧約聖書』にアブラハムの故郷であったと書かれているウル(現在のアル・ムカイヤル)を発掘した時、明らかに過去の洪水堆積物と思われる地層が発見された。ウルという古代の町は、かつてはチグリス・ユーフラテス両河の最下流部にあったという。しかし、このウルの洪水層は約2・7メートルという厚さもあり、これは紀元前3500年と結論された。

一方、その他の場所、シュルッパク、ウルク、キシュなどで発見された洪水層の年代は、明らかにウルのそれより新しいものであった。これらは考古学的の編年によれば、おそらくは紀元前2800年頃の年代と推定される。

金子は、この2度の洪水のうち、後世に伝えられた大洪水がいずれに相当するかについて推論している。ニップル出土の粘土板にある洪水物語がシュメール語で書かれ、そのシュメール語は紀元前3000年の初めにつくられたことから、大洪水伝説は紀元前2800年頃に実際に起きたものであるとしている。

最近、『ノアの大洪水は史実だった』(安田喜憲)は、ギルガメシュ叙事詩に大洪水の物語が発見され、後に出たニップルの粘土板の内容と大筋は共通のものであったとして、金子の推定と一致している。安田は、シリア北部のガーブ・バレイの堆積物の花粉分析から、紀元前3000年に大きな変化があったことを示している。花粉は硬い膜を持っているため、土の中でも腐ることなく何万年でも保存され、花粉分析によって過去の森の変遷や気候変動を復元できるという。つまり、ガマ属やカヤツリグサ科など、湿原に生育する植物の花粉がこの時代以降急増してくる。

安田は、次のように推論している。

紀元前3000年ごろ、それまで温暖だった気候が突然寒冷化した。気候の変化は、ユーフラテス川の中・上流域のシリア北部やアナトリア高原の冬雨や雪の量を増大させた。これがユーフラテス川の下流域に大洪水をもたらした。その大洪水はキシュ遺跡やウルク遺跡などの諸都市を襲った。

ワインの伝播　ヘブライの人たちはエジプトのワインに対して郷愁を持っていた。葡萄はイラン高原からパレスチナや小アジア、エジプトを通ってギリシャへと広がっていった。その間、フェニキアの人々はカルタゴをはじめいくつかの商業都市を建設し、地中海を縦横に航海し、各地との貿易を行っていた。その中には葡萄の移植とワインの普及にも貢献があった。

一方、エジプトでは、ワイン造りはオシリス神に教えられたとされているが、コリン・ウイルソン『わが酒の賛歌』(田村隆一訳)によると、メンフィスに住んでいたプタハーホプテ王の墳墓の上の記録にワイン造りの工程が示されていることから、紀元前4000年頃には既にワイン造りが行われていたことが明らかであるという。

ナイルのデルタ周辺地帯はよく葡萄が生育した。地面は地上げされていて、栽培は一種の棚造りであった。しかし、デルタ地帯での洪水はどのような影響を与えたことであろうか。あるいは、洪水のない周辺地帯であったのかもしれない。なぜなら、洪水は毎年起こるし、葡萄は多年生で、肥沃な土地を必要としないからである。

テーベの壁画に見られる葡萄栽培とワイン造りの**図1**について考えてみる。壁画の中の図柄の意味を現代のワイン技術の面からの解釈を加えてみたい。絵としてデフォルメされたところもあろうが、ここでは壁画に表現された図柄、動作は、すべて当時のものを忠実に示したものとする。

葡萄栽培法はアーチ型のもので、収穫する時、頭上の房をもいでいる。別の壁画では跪(ひざまづ)いて収穫したりしている。いろいろな栽培法があったらしい。収穫に鋏とか小刀は使っていない。**図1**では葡萄棚

図1　エジプトの壁画にある葡萄栽培とワイン醸造

の下の左側の人物は肥料を施しているが、右側の立て膝の人物は葡萄の成長を祈っているのではなかろうか。

図2は、葡萄の足踏みによる果汁採取である。支柱を立て、上から蔦（つた）の蔓（つる）をたらし、これに複数の男女が2列になって掴まり、葡萄を足踏みしている（実際に葡萄の上に乗ってみると不安定で、紐に掴まることは合理的である）。足踏みは、強いリズムで歌いながら行ったらしい。

槽はアカシアの木か石でつくられ、出口の穴から槽外の桶に果汁が流出する仕掛けである。少年が集まる果汁を見ているが、これは、果皮とか種子を取り除いているように見える。似た図柄の**図1**では男性が桶で液体を槽の中に注いでいるが、この操作はよくわからない。せっかく取り出した果汁を元の槽に戻すのは、一体どんな意味を持つのだろうか。ワインの澱（おり）（主に酵母の沈澱）を入れているとしたら近代的醸造法に近いが、いささか考えすぎである。むしろ、ここでは赤ワインを造っているとみた法がよいと思う。図2の方はただ足踏みを行っているだけなので白ワインを造っていることになる。

他の壁画にも葡萄はよく画かれているが、その葉は切れ込みが深く、現代的にいえば栽培葡萄に近い。また、壁画の葡萄はすべて黒色葡萄として画かれている。当時は緑色葡萄はなかったのであろう。ちなみに、現在でも野生葡萄はすべて黒色葡萄であるといわれる。

黒色葡萄は長時間足踏みされると、果汁はピンク色になる。したがって、こうして造ったワインはピンクか、褪色して濃い黄色ものであったろう。しかし、赤ワインよりも淡泊であるし、当時は赤ワインよりも白ワインの方が高級であったといわれることと一致する。果汁の流出した残りの果皮の方は、

図 2　葡萄の足踏みによる果汁採取。エジプト王墓の壁画

布に包み両端に棒を通して搾る方法も行われていた。

発酵はアカシアの桶で行い、アンフォラにつめる。図1では桶は描かれていない。アンフォラは、海底の沈没船から今でも引き上げられることがある。しかし、中味のあったためしはない。当時の主要なワイン容器であり、貯蔵以外に輸送にも使われていたことがわかる。エジプトでは、ワインが足りなくて、シリアやギリシャからアンフォラで輸入していたという。

アンフォラの上部はすぼまった形をしていて、これはワインを一杯に詰めれば表面積が小さくなり、酸化を遅らす効果がある。そのためにはアンフォラは直立に壁に立てかけることになる。ここで示したものは底が少し平らになっている。ローマ時代のものには底の先端が棒状になっているものがあるので、エジプトのものもそうであったとすると、ここでの図の場合は棒状部分を土中に差し込んで安定を図ったものといえる。

エジプトからギリシャそしてローマへ

エーゲ海の島々、特にクレタ島には紀元前2000年に栄えたミノア文明があった。ここではビールやワインが飲まれていた。これはおそらくエジプトから伝えられたものであろう。ギリシャ人は北から南下しエーゲ海を制覇したので、そのワイン文化を継承したと考えられる。ギリシャの土質からいっても、穀類よりも葡萄の栽培に適していたので、ワイン文化は急速に発達し、紀元前6世紀には大産地となり、エジプトにも輸出していた。さらに、侵攻した地域に葡萄園を開いた。ホーマーが書いているように、この頃既に10年以上も経った甘口ワインがあった。この頃、地中海を制したフェニキア人の活動があった。現在のレバノンに本拠があったという。

ギリシャ人は、混酒器を使ってワインを水で割ったり、海水で割ったりして飲んでいた(海水も満月の夜に汲んで置き貯えておいた)。紀元前8～7世紀のヘーシオドスの『仕事の日』（松平千秋訳）の中に、

日陰に腰をおろし、爽やかに吹く西風に顔を向けて、火色にきらめく葡萄酒を飲む。
尽きず流れて濁りを知らぬ泉の水を三たび注ぎ、

四たび目に酒を注げ、

とある。

訳注によると、ギリシャ人はワインを生のままで飲まず、水で割るのが慣習であったが、3対1の割合は最も薄い場合である。宴会とは違い労働中であるから、清涼飲料として飲むのである。割る場合には水を先にし、酒を後から入れるのが習いであった、と解説している。

ローマ人はギリシャワインを輸入していたが、紀元前4世紀の中頃には、自分たちで葡萄園を持つようになった。ローマの葡萄園は栄え、ワインは着実に良くなっていった。コリン・ウィルソン［『わが心の讃歌』（田村隆一訳）］によれば、ベスビアス山の周りの火山灰がいくつかの良質のワインを生み出した。カンパニア（ベスビアス、カプア、ソレントを含む）もまた、最も高く評価されたローマンワイン、ファレルニアンワインを産出した（カンパニアは、後にフランスのシャンパーニュの語源で、発泡酒の産地およびコニャックの産地名となる）。

ローマでは、ギリシャのように水で割ったりして飲むこともあったが、次第にそのまま飲むようになり、このことがワインの品質を高め、さらに食卓文化を発展させ、後世のワイン文化の元となったといえる。

キリスト教の布教　紀元1世紀にローマのプリニュウス（紀元23～79年）は、37巻に及ぶ膨大な『博物誌』を書いた。このうち、14巻は葡萄栽培とワインに関する記述である。その他の巻にもワインの効能が述べられている。当時のローマの状況はもちろん、それ以前のこともわかる貴重な記録である。栽培では、ヘーシオドス農法、コルメルラやカトーの栽培法が引用されている。

当時の全世界で著名なワインは80種類ほどあるが、そのうち3分の2がイタリアのものである。その点でイタリアは他のすべての国々をはるかに凌いでいた。このことは紀元前154年から始まったといえる。先に述べたように、ローマ人が自ら葡萄園を開いたのが紀元前4世紀というから、わずか25

0年ぐらいで世界的ワイン国になったわけである。
熟成したワインについては、『博物誌』の次の記載が興味深い。

前121年は太陽の力のお陰で、天候が晴朗であった。その年の葡萄酒は200年近くももって今日まだ残っている。このようなものは口ざわりも悪く、それを直に飲むことも水割りをして飲むこともできないだろうが、それをほんの少し加えると、すべての他の葡萄酒を良くする調味料の役目をする。

ローマは476年に滅亡したが、彼らは葡萄の樹を、スペイン、ドイツ、新たにガリアに植えた。この中でゲルマンはローマ軍団に抵抗したが、結局、ライン川とモーゼル川の谷間に添って葡萄樹が育てられた。これが、現在のこの地域の始まりである。

ローマへの侵略者の一人であったクローヴィスはフランク人であったが、ガリアに侵入してフランスとした。クローヴィスはキリスト教信者となり、教会や修道院は安心して葡萄を栽培し、聖餐のためのワインを造っていた。

マホメッド(634年)以後のイスラム教の禁酒勢力と中世の暗黒時代、そして十字軍の遠征などで、葡萄栽培は衰退した。メソポタミア―エジプト―ギリシャ―ローマと連綿と続いてきた葡萄栽培とワイン造りの技術は、中世の暗黒時代で停滞した。

やがて、カロリング王朝のシャルルマーニュ帝の出現によりワイン造りは新たな転機を迎えることになる。帝の逸話のうち、ラインガウの丘が雪が少ないことから、ここに葡萄を植えさせたとか、ブルゴーニュの赤ワインが好きだったが老齢になって白い髭が赤に染まることを指摘され、白葡萄を植えさせた。これが現在のシャルルマーニュの産地になった。また、足踏みによるワイン仕込みを禁止したとも伝えられる。現在の葡萄栽培とワイン技術のルーツは、シャルルマーニュの頃のものであるという考えもあるぐらいである。

最近、『ブドウを知ればワインが見える』（中川昌一）に世界の葡萄の伝播について明快な紹介がなされている。

東方への伝播

前漢の武帝が西域の調査のため張騫を派遣した話は、中国の葡萄とワインのルーツを示すものであり、ひいては日本の甲州葡萄のルーツともなるものである。

司馬遷の『史記』に記載されているが、張騫は前後2回にわたり西域におもむいている。第一回目は、紀元前138～126年の間で、この時は100人を連れていったが、帰りついたのは2人であった。武帝が彼を派遣した目的は、匈奴の圧力に耐えかね、月氏と義を結び、匈奴を挟撃するためであった。張騫が匈奴の捕虜となった後、逃亡した先は大宛国であった。現在のトルキスタンのアングジャン、タシュケント辺りであるといわれる。大宛の事情が知られるようになったのは、張騫以来である。

張騫は漢中の人で、建元年間（紀元前140～135年）には郎に任じられていた。郎は宮中の門をまもる衛兵将校である。漢が月氏への使節を募集した際、張騫は応募し選ばれた。しかし、彼らは出発後すぐに匈奴の捕虜となった。匈奴の王単于は張騫を10年余りも引き留め、妻を与え子もできた。それでも彼は隙をみて逃げだし、月氏に向かった。西へ行くこと数十日、着いた所は大宛国であった。その後、月氏に行くが、匈奴挟撃の返答は得られなかった。帰路、再び匈奴に捕らえられ、1年後に漢に逃げ帰った。出発してから13年目であった。

張騫は目で見、耳で聞いた国々のことを帝に報告した。その中に次の内容のものがある［『史記列伝4・5』（小川環樹・今鷹眞・福島吉彦訳）］。

大宛は、匈奴の西南、漢のま西に当り、その距離は一万里ほどです。その習俗は土着で農耕をい

たし、稲と麦を植え、葡萄酒があります。立派な馬が多く、馬は血の汗を流しその祖先は天馬の子です、

そして、

安息（ばくとりあ）は、大月氏の西、約数千里にあります。定住の生活をして農耕をいとなみ、稲と麦を植え、葡萄酒を造ります、

とある。さらには次のようなことも記載されている。

大宛の近辺は葡萄を原料として酒を作る。金持ちには一万石余りも酒を貯蔵しているものがある。長い場合数十年もおいておくが腐敗しない。習性として酒好きである。馬は苜蓿（うまごやし）を好む。漢の使者はそれらの種子をとって帰った。そこで天子は始めて苜蓿と葡萄を肥沃な土地に植えさせた。天馬の数が多くなり、外国の使者が多数来訪するころには、天子の離宮や別館の周辺には見わたすかぎりすっかり葡萄と苜蓿を植えてあった。

以上のことでは、張騫自身が西域から葡萄とかワインを運んだかどうかわからない。しかし、それらの知識が張騫によってもたらされたことは間違いない。後代になって、日本からの遣随使か遣唐使が中国から持ち帰った葡萄の種子が甲州葡萄の祖先となる。

葡萄はフェルガナ語の budaw から由来し、中国では蒲桃、蒲陶、蒲萄、葡萄と書いた。つまり、日本では二重の外来語ということになる。

現在、中国では、ワイン生産は各地に拡大されている。ここでは約１００年前に日本の探検家が見た状況を紹介しておく。

大谷探検隊に加わった吉川小一郎の天山紀行［『シルクロード探検』（大谷探検隊・長沢和俊編）］の中に、葡萄についての興味ある記述がある。明治４５年３月２２日付の日記である。

昨日から滞在しているトユクは、ブドウの名産地としてシナで知られている。苗木を先に帰国す

る橘氏に託そうと思って、早朝からブドウ園を巡視した。土壌は黄土に砂を交えて、付近の渓流から水を引き、灌漑用水としているので、ブドウ畑は非常に多い。ブドウは年産70万斤（4200トン）で、産地での相場は一斤が約5銭である。種類は円形、長形、白、青、紅など8種類あって、全部種なしブドウである。その中から6種を選んで二楽荘に送るつもりである。

トユクというのは、トルファンの西方近郊である。土壌の状態、8種の葡萄の形状、全部種なしというように、短い文章の中にいろいろな内容を含んでいる。3月といえば、葡萄の休眠期であり、土壌以外のことは、話で聞いたものであろう。残念ながら、栽培法が記載されていない。

日本の甲州葡萄は、中国を経由したと伝えられているが、いまだにその祖先は見つかっていない。なお日本でのワイン造りについては『日本のワイン―誕生と揺籃時代』（麻井宇介）がある。

世界各地のワインの始まり

Woscheck による年表を示しておく。

紀元前	6000	シリア		
	6000	コーカサス（カスピ海南）		
	4000	近東、メソポタミア		
	4000	スメール（グルジア）		
	3000	フェニキア、近東への進出		
	2800	エジプト		
	2500	メソポタミア		
	1600	ギリシャ、クレタ		
	1000	パレスチナ、シチリア、イタリア、北アフリカ		
紀元後	100〜400	バルカン、北フランス、ドイツ		
	1520	メキシコ		
	1560	アルゼンチン		
	1655	ペルー		
	1655	喜望峰		
	1770	カリフォルニア		
	1817	南、西オーストラリア、ニュージーランド		

600　ペルシャ
500　南フランス、スペイン、ポルトガル
140　シナ
100　北インド

葡萄の破砕と搾汁法の変遷

熟した葡萄は潰れやすいものであるが、大量のものを潰すとなると簡単ではない。古代エジプトでは、王家の墓の壁面にあるように木か石の槽の中で数人の男女が葡萄を足で踏みつぶしていた。この方法はローマにも引き継がれ、最近までポート造りやシェリー造りでも行われていた。中世では桶に入れた葡萄を足で潰し、そのまま発酵させて赤ワインを造っていた。

葡萄を潰すことは果皮を破ることであるから、近世になって2本のローラーを内側に回転させ、その間隙に葡萄を押し込んで潰す方法が開発された（**図1**、**2**）。手回し法からモータによる連続回転法へ進み（**図3**）、スクリューを使う連続式へと進展している。

普通、果梗には苦み成分が多いため、破砕と同時に除く。また、搾汁の際に搾りやすくするために層状に敷いたりすることもある。最近では赤ワインの発酵中に味を濃くするために添加することもあるが、果梗の中のタンニンの量と質は品種により異なるので、この方法がいいとは一概にはいえない。

シャンパーニュでは、黒い葡萄を使うため色を出さないように破砕せずに直接圧搾器にかける。また、貴腐葡萄の場合も破砕しない。

赤ワイン醸造おいて葡萄を破砕しない方法が60年ほど前に開発された。その方法はマセラシオン・

図 1 ホッパーローラー

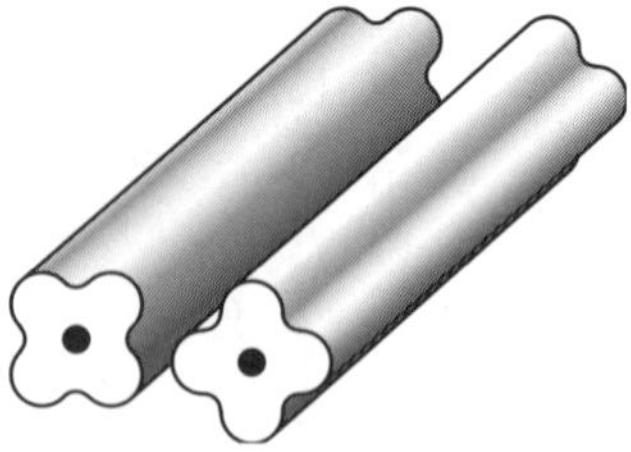

図 2 ローラー

図 3 モーター付連続破砕除梗器

カルボニック法である。丈の高いタンクの下の方に酒母を入れておき、そこに葡萄果房をそのまま投下すると、下の方の葡萄は荷重で潰れ発酵を始め、次第に上の方まで進行する。適当なところで搾り、発酵を完了させる。発酵による炭酸ガスが存在するところで果皮が浸漬されることからこの名がついた。

足踏み法や破砕器にかけた際に出てくる果汁をフリーランというが、白ワイン用には最良の部分とさ

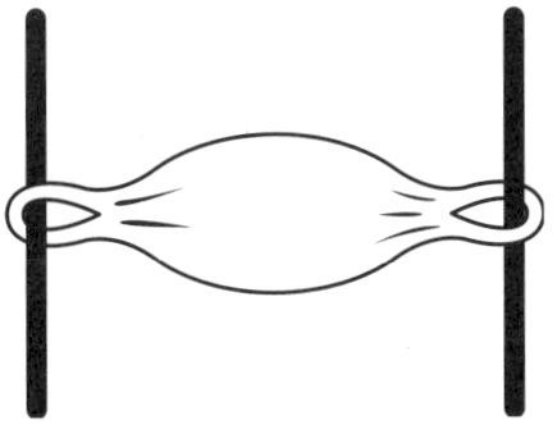

図 4

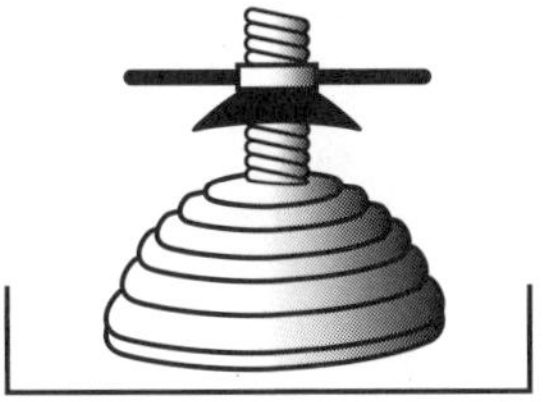

図 5

れている。これを取り出す方法が古くから考案されてきた。エジプトでは布の中に入れて包み、両端に輪をつくって棒を差し込み、2人が手ぬぐいを絞るようにして搾っている壁画がある（図4）。ローマでは、粕を積み上げ縄でとぐろを巻くようにして上から押し出して搾るやり方（図5）をはじめ、大きな角材の梁とその先端に木の螺旋を使い梃子（てこ）の原理で圧力を加えて搾るやり方を開発していた。梃子の原理を応用した方法は、中世から近世にかけて用いられてきた。四角のゲージが使われていた（図6）が、鉄の丈夫な輪がつくられるようになってからは円形のゲージが出現した。クリンチを利用した手動のものから、水圧または油圧のポンプで圧をかけるようになった（バスケット型）（図7）。

以上の方法は上下から圧をかけるものであったが、細長いゲージを横にして左右から押して圧をかける画期的な方法が開発され（図8）、現在、最も普及している。ヴァスラン（Vaslin）型と呼ばれる。さらに横型のゲージをステンレス製として内部に耐圧性のゴム袋を入れ、ポンプで空気を送って袋をふくらまし搾るヴィルメス型（Wilmes）といわれるものがある（図9）。粕が空気の圧により中から外へ押されることになる。さらに横型のゲージは回転させることができる利点もある。現在では、スクリューを用いて連続的に搾り、断続的に圧搾粕を排出する機械もある。

果肉にはペクチンと繊維があり、ペクチンが搾汁を困難にしているので、あらかじめペクチナーゼ酵素を添加しておくと、搾汁が容易になる。

このようにいかに効率良く搾汁を行うかが努力されてきたが、搾汁率の向上とできるワインの品質は相反するもので、普通、強く搾ったものは別にする。

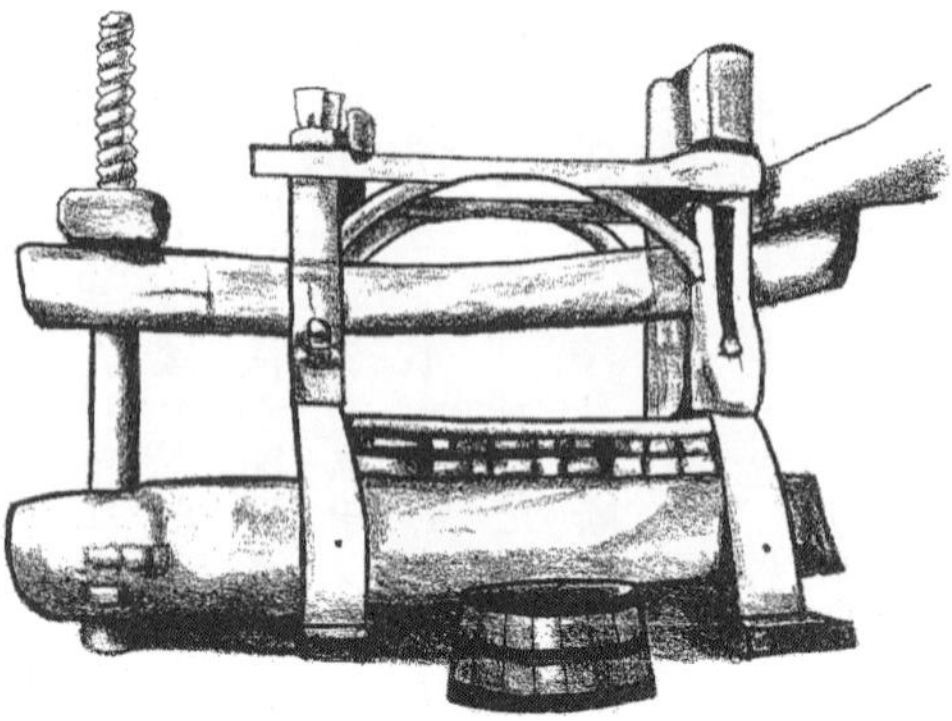

図6 巨大な木製圧搾器

図7 バスケット型圧搾器

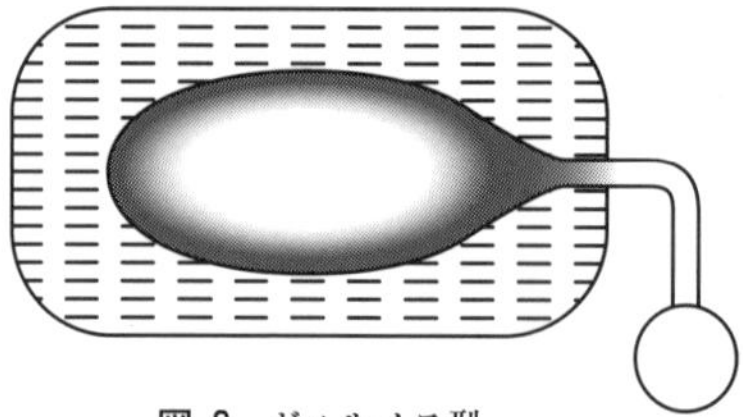

図9 ヴィルメス型

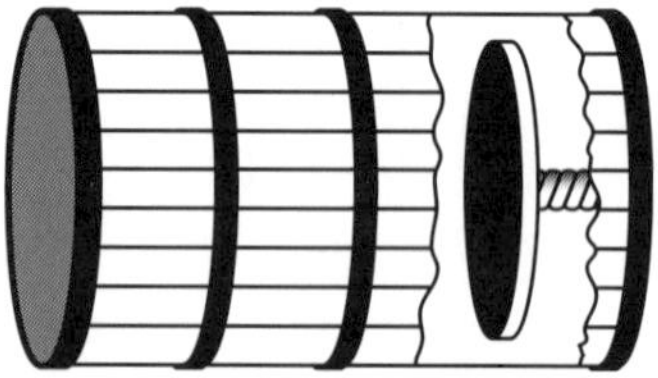

図8 ヴァランス型

圧搾機は発酵した赤ワインの果皮部分を搾るのにも使われる。この場合もフリーランと圧搾部があるが、圧搾部をどのくらい混ぜるかは利き酒と経験により判断される。

現在のワインの多様性

現在市販されているワインは、酒類の中でも最も多様である。原料の葡萄の品種、収穫年、産地、醸造法、熟成年数などによってワインの香味は異なる。その香味の評価により価格に差が生じる。ヨーロッパ圏ではワインの格付けが重要視される。

フランスを例にとると、格付け表示には原産地呼称ワイン(AOC、Appélation d'origine contrôlée)、上質指定ワイン(VDQS、Vin délimité de qualité supérieure)、地方ワイン(Vin de pays)、並ワイン(Vin de table)がある。これらは公的格付けであるが、このほかにクリュ(cru)の格付けとしてグランクリュ(grande crus)、クリュブルジョア(crus bourgeois)がある。ボルドーでは1885年に決められた区分がある(91のシャトーが1~5級)。

イタリアもフランスと似たDOCを採用し、ドイツは称号付優良ワイン(QmP、Qualitätswein mit Prädikat)、優良ワイン(QbA、Qualitätswein bestimmte amtlich)、並ワイン(Taschen Wein)に分かれる。QmPはさらに貴腐の状態でトロッケンベーレンアウスレーゼ(Trocken-beerenauslesewein)、ベーレンアウスレーゼ(ßeerenauslesewein)、アウスレーゼ(Auslese wein)に分かれ、ほかにアイスヴァイン(Eiswein)もある。

ワインの分類法にはいくつかあるが、その一例を示す。

発泡性ワイン　高圧、中圧、低圧
非発泡性ワイン
食中ワイン(白、ロゼ、赤)　テーブルワイン(table wines)
食前食後ワイン　デザートワイン(dessert wines)
香味補強ワイン　アロマチックワイン(aromatic wines)

発泡性ワイン　ヴァンムスー(Vin mousseux)　シャンパンに代表される高発泡性ワインは、フランス北東部のシャンパーニュ地方の指定畑につくられたピノー・ノワール種、シャルドネ種またはピノ・ムニエ種の葡萄を用い、瓶内で再発酵させ炭酸ガスを閉じ込めたものである。瓶内圧力は約6気圧である。中圧のものをクレマン(Crément)、低圧のものをペチアン(Pétillant)という。ヴァンムスーはフランス各地で造られ、ロアール河畔のソーミュール(Saumur)やヴーヴレ(Vouvray)のものが有名である。一般には白ワインであるが、ロゼもある。

ドイツでシャンパーニュに相当するのがゼクトで、リースリング種、シルヴァーナ種が使われる。イタリアでは、マスカット葡萄を使ったスプマンテ(Spumante)が有名である。スペインのカヴァ(Cava)はペネデス地方で多く造られ、チャレッロ、マカベオ、バレリャータなどの品種が使われる。ポルトガルには低圧のヴェルデ酒(Verde)がある。これはマロラクチック発酵によるリンゴ酸由来の炭酸ガスを閉じ込めたものである。

非発泡性ワイン　スチルワイン(still wines)　白ワインとして分類されるものには、淡黄色から濃黄色のもの、さらには褐色のものまで含まれる。しかし、黄色ワインとか褐色ワインとして区別することもある。褐色のものはデザートワインとすることが多い。辛口から甘口、極甘口(貴腐ワイン)まである。ロゼワインには一般に辛口と甘口があり、赤ワインは辛口で渋みがある。

デザートワイン

①　シェリー　　スペインのアンダルシアのヘレスで造られるワインで、淡黄色、褐色、さらに褐色までである。大きく2つのタイプに分けられる。フィノとオロロソである。前者にはフィノとアモンチラドとがあり、後者には甘口と辛口がある。フィノは白ワインをさらに樽の中で酵母の産膜(フロール)で独特の香味が加わったものである。オロロソは産膜させずに樽熟成させたものである。このほかに果汁を煮詰めて発酵させた濃褐色の濃厚な甘口ワインがある。辛口は食前に、甘口は食

後に飲まれる。

②ポルト　ポルトガルのドウーロ河流域で産する甘口ワインで、発酵途中でブランデーを添加して発酵を止め甘味を残したものである。白ワインもあるが、赤が多く、ルビー色からタウニー色までである。熟成法は樽熟成と瓶熟成と多様である。

③マディラ　モロッコ沖にあるポルトガル領のマディラ島で産する。辛口から甘口まであり、黄色から暗褐色まである。セルシャル、ヴェルデーリョ、ブアル、マルムジィと区別されている。50～60℃という高温で約1ヶ月熟成させる。ワインの中で最も長持ちする。

④ヴェルモット　草根木皮、いわゆるハーブ類20種類以上を白ワインに浸漬したものである。カクテルにも多く使われる。淡色の辛口と褐色の甘口がある。フランス産とイタリア産が有名である。

⑤その他　キプロスのコマンダリア、スペインのマラガ、シシリーのマルサラが有名である。フランス南部に産するヴァン・ド・ナチュレル、ジュラ地方のヴァン・ド・パイユ、イタリアのリチョットもある。マスカット葡萄を使ったムスカテルは独特な香味を持つ。

ワインの名産地

フランスワインは、約60年前に原産地呼称法が適用され保護された(AOC)。ほかにクリュ(cru)という呼称があり、グランクリュ(grande cru)という格付けがある。ボルドーでは1885年に91のシャトーを5クラスに分けた独自の格付けがあり、今日まで続いている。一級には5つのシャトーがある。

シャトー・ラフィット(Château Lafite)　シャトー・ラ・ツール(Château La Tour)

シャトー・マルゴー（Château Margaux）　シャトー・オーブリオン（Château Haut-Brion）

シャトー・ムートン・ロートシールド（Château Moutone Rothchild）

ソーテルン地区には特級クラスのシャトー・イケム（Château d'Yquem）がある。サンテミリオン（Saint-Emillion）地区のシャトー・オーゾンヌ（Château Ausone）、シャトー・シュヴァール・ブラン（Château Cheval Blanc）がある。ほかにポメロール（Pommerol）地区のペトリュス（Pétrus）も有名銘柄である。

ボルドーの葡萄は白用にはセミーヨン（*Sémillon*）、ソーヴィニヨン・ブラン（*Sauvignon blanc*）、プチ・ヴェルドー（*Petite verdot*）、赤用にはカベルネ・ソーヴィニヨン（*Cabernet sauvignon*）、メルロー（*Merlot*）、カベルネ・フラン（*Cabernet franc*）が使われる。

ブルゴーニュは細分されている。ここは細長い地区で、地質の違いが大きな要因である。黄金の丘（Côte d'or）は優れたワインを産出し、このうちヴォーヌロマネ村のものは評価が高い。ロマネ・コンチ（Romanée Conti）、ラ・タシュ（La Tâche）、ロマネ・サンヴィヴァン（Romanée Saint-Vivant）、リシュブール（Richebour）、グランド・エシェゾー（Grande Échezeaux）、エシェゾー（Échezeaux）などがある。ほかには、グランクリュでシャンベルタン（Chambertin）、モンラッシェ（Montrachet）、ムルソー（Meursaut）、コルトン・シャルルマーニュ（Corton Charlemagne）などがある。

ブルゴーニュの品種は、白でシャルドネ（*Chardonnay*）、アリゴテ（*Aligoté*）、赤でピノー・ノアール（*Pinot noir*）が単品で使われる。

コートドールの西北にシャブリ（Chablis）地区がある。グランクリュには8つの畑が指定されている。ヴォーデジール（Vaudésirs）、グルヌイユ（Grenouilles）、レ・クロ（Les Clos）、ヴァルミュル（Valmur）、プルーズ（Preuses）、ブランショ（Pranchot）、ラ・ムートンネ（La Moutonné）である。パリの西方にシャムパーニュ（Champagne）地区があり、大量のシャムパーニュが造られている。シャムパーニュの発明者とされるドム・ペリニヨンの名を冠した銘柄を出すモエ・シャンドン（Moët et Chandon）をはじめ、クルーク(Krug)、ポメリー(Pommery)など多くのメーカーがランス(Reims)とエペルネ(Épernay)を中心に輩出している。フランスを南北に地中海に流れるローヌ河沿い、また西に流れるロアール河沿いにも多くのワイン産地がある。

ドイツは、量的には少ないが、質の高い白ワインを産出する。産地を11の地区に分けている。主にライン河とモーゼル河の周辺が良質で、中でもラインガウの3つのシュロスは傑出している。ヨハニスベルク(Johanisberg)、フォルラーツ(Vollrads)、ラインハルツハウゼン(Reinhartshausen)である。一方のモーゼルでは、エゴン・ミューラー(Egon Müller)が有名である。ドイツワインの特色の一つは貴腐ワインにある。その度合いによって区分けされている。アウスレーゼ(Auslese)、ベーレンアウスレーゼ(Beerenauslese)、トロッケンベーレンアウスレーゼ(Trockenbeerenauslese)である。ほかにはアイスワインもあり、ミットプレヂカート(mit Prädikat)の称号が付けられる。

ハンガリーも貴腐ワインで名高い。その最高品はトカイ・エッセンシア(Tokay Essencia)である。

イタリアは、フランと並ぶワインの大生産国である。ギリシャに次いで古いワイン生産国でもある。葡萄は多様な方式で栽培されており、伝統的な品種としてネッビオロ(*Nebbiolo*)、トレビアーノ(*Trebbiano*)、バルベラ(*Barbera*)、サンジョヴェーゼ(*Sangioveze*)がある。現在はフランス系の品種(カベルネ、メルロー、シャルドネ)も栽培されている。

フランスのAOCを取り入れ、DOC(Denominazione di Origine Controllata)を規制している。葡萄産地を21の地区に分けている。そのうち有名な地区としては、ピエモンテ(Piemonte)州にはアスチ・モスカト・ダスチ(Asti Moscato d'Asti)、バルバレスコ(Barbaresco)、バローロ(Barolo)がある。トスカーナ(Toscana)地方では、ブルネロ・ディ・モンタルチーノ(Brunello di Montalcino)、キャンチ・クラシコ(Chianti Classico)、ノビル・ディ・モンテプルチアノ(Vino Nobile di Montepulciano)があげられる。ヴェロナ(Verona)の東方にソアーヴェ(Soave)があり、優れた白ワインを産出する。ここの品種はトレビアーノとガルガーネである。

スペインは、大ワイン国である。雨に少なく乾燥しているため葡萄の収穫量は少ない。近来評価の高くなった西の産地としてリベラ・デル・ドゥエロ(Ribera del Duero)がある。品種はテンプラニーニョ(*Tempranillo*)である。ドゥエロ河の流域はポルトガルで有名なポルトの産地である。

大産地はリオハ(Rioja)で、3つの地区からなっている。白用の品種はマカベオ(*Macabeo*)で、赤用はテンプラニーニョが重要である。ほかにガルナッチャ(Garnacha)もある。リオハの北東にナバラ(Navara)地区がある。南西にはカタルーニヤ(*Catarunia*)地区があり、バルセロナが近い。ここではトーレス(Torres)社が大きく、発泡酒カヴァ(Cava)を生産している。これはシャムパーニュと同様に瓶内二次発酵を行っている。

アンダルシア(Andarsia)地方のセヴィラ(Seville)の南にヘレス(Jerez)がある。ここを起点にした三角形の地区に世界に知られたシェリーが産出する。ヘレス・デ・ラ・フロンテラ(Jerez de la Frontera)、サンルカル・デ・バラメダ(Sanlúcar de Barrameda)、プエルト・デ・サンタマリア(Puerto de Santa Maria)である。土壌は石灰質のアルバリッサ(albariza)で、葡萄はパロミノ(*Palomino*)とペトロ・ヒメネス(*Pedro ximenez*)である。いくつかのタイプがあるが、フィノ(Fino)、マンザニージャ(Manzanilla)、アモンチリヤード(Amontillard)、オロロソ(Oloroso)である。フィノタイプは樽熟成中に酒面に酵母が皮膜(フロール)をつくり独特の香味を付ける。

以上のほかに、古くからのワイン生産国から新興国まで多くの産地がある。今やカリフォルニヤ、オーストラリア、ニュージーランド、チリ、アルゼンチン、南アフリカなどのワインの品質は高く評価されている。

日本ワインの夜明け

日本の在来葡萄は甲州種である。甲州葡萄は山梨に古くから伝えられてきた。その由来については2説ある。僧行基説と雨宮勘解由説である。

718年、甲斐の国を遍歴した行基が勝沼の柏尾に至り、日川の渓谷で祈願した。満願の日に薬師如来が忽然と現れた。如来は右手に葡萄の房、左手に宝印を持っていた。行基はその御姿を刻んで大善寺に安置した。これが今に残る柏尾山大善寺の如来像である。しかし、葡萄の房は持っていない。行基は葡萄のつくり方を村人に教え、勝沼が葡萄産地になったという。これが行基説である。

一方、雨宮勘解由説は次のようである。雨宮勘解由が1186年に勝沼の城の平(じょうのひら)で山葡萄の変生種を見つけた。これを持ち帰り栽培し、5年後、30房がなり、村人に分与した。

この2つの説には約400年の開きがある。雨宮毅(『ぶどう「甲州」のルーツと変遷』)と石井賢二(『「甲州ブドウ」考』)によると、現在の薬師如来の右手に葡萄の房はない。もし再建されたものであれば大善寺の記録の中に葡萄に関する記述がないのはおかしい。雨宮勘解由説では、勘解由が葡萄を見つけたのは城の平の石尊山の祭日は旧暦3月27日であり、この時期に葡萄が萌芽展葉しているはずがない。また、山葡萄の変種とみたことにも不審があるという。このように甲州種の由来については疑問点があるが、この葡萄が日本に存在することは現実である。

6世紀半ばに仏教が伝来し、その後、遣唐使、遣隋使が派遣された。おそらく彼らが帰国の際に葡萄の種を持ち帰ったと考えていいと思われる。この種をどこで、どうやって蒔いたのであろうか。どうして海から離れた山梨で実を結んだのか。

『本朝食鑑』(1695)に、葡萄の産地として「甲州を第一とし、駿州之に次ぎ武州八王子、京師及洛外にも産地あり」とある。京には聚楽という葡萄があったというが、これと甲州種との異同についてはわからない。さらに『和漢三才図会』(1715)にも、甲州、次いで駿州、大阪の河内の富田林にもあり(江戸中期に移植)、北国にも稀にあるとしている。このように日本各地に葡萄があったことは、中国から持ち帰った種を方々に蒔いたことになる。石井賢二は、やせた土地、乾いた内陸性の気候、豊富な太陽光などの甲州の条件が葡萄の生育に適していたのでその栽培が盛んになったとしている。

1714年の検地によると、勝沼には14町7反余りの葡萄栽培があったことになっている。

現在、中国で栽培されている葡萄に甲州種はない。一時、竜眼種、さらに和田紅がそれだとされたが、DNAの解析から否定されている。つまり、甲州種の先祖はいまだに不明で、日本にしかない品種といえる。類縁の品種に甲州三尺がある。これはワインには向かないが、交配用として大事なものである。

1615年頃、甲斐徳本(長田)が棚作り法を普及したという。甲州種は長梢型で、棚作りに適している。棚は竹棚であったが、明治になって、上岩崎の雨宮作左衛門が竹に代えて鉄線を使うことを考案した(1879年)。この鉄線は太さが1.5センチメートルもあった。現在は周囲に鉄筋コンクリートの市中を埋め込み、中央に高い柱を立て針金で吊り上げる方式が多い。これは台風の被害による教訓によるものである。

甲州種には狐臭はなく、ヴィティス ヴィニフェラ オリエンタリス(*Vitis vinifera Orientalis*)、つまり東洋ヴィニフェラであるといえる。だが、今井友之助(『ヴァイン雑考(2)』)によると、モンペリエ大学ブーバルク教授に見せたところ、甲州種はヴィニフェラ種になりきらない前ヴィニフェラ(previnifera)であるということであった。

甲州種は房が大きく、また果粒も大きく、着色は紫紅色で美しい。晩熟種で、10月中旬~下旬である。特に香りはないが、穏和な酸味と甘味を持ち、生食用である。ワインにした場合は白用で、穏和な酒質となる(これらのことは、甲州ワインの宿命的な一面となった)。

明治以前における日本のワイン醸造の記録は明確でない。もちろん、外国からの伝来はあった。フランシスコ・ザビエルが長州の大名大内義隆への献上品の中にワインがあったことが知られている。ワインはその後信長、秀吉などにも献上されている。これらはチンタと呼ばれていたことからスペイン、ポルトガルの赤ワイン(ポルト?)であったと思われる。

焼酎に葡萄を漬けたものはあったが、日本で本格的にワイン醸造が始まったのは明治以降である。明治新政府は富国強兵のために推進した殖産産業の中にワイン産業が入っていたことは、日本のワインにとって幸運だったといえる。しかし、外国のように食生活と飲酒文化に根付いたワインは、その点で未開発であった日本では、その普及は今日まで苦心の連続であった。

ワイン醸造への願望は、澎湃として各地で起こった。特に北海道開拓使をはじめ、山梨地区への援助などが注目されるところである。

明治3~4年、甲府の山田宥教(ひろのり)が詫間憲久(のりひさ)と協力して生食用葡萄(甲州種)を使ってワインを造ったと記録されている。山田はこれより前に山葡萄で醸造していたともいわれている。記録によると、白ワイン4石8斗、赤ワイン10石とある。

一方、1859年、横浜が開港されると、当然貿易が盛んになり、その活況に目をつけた人たちがいた。篠原忠右衛門もその一人で、甲州屋を開業し、ワインや洋酒の試飲を行うようになった。そのことに刺激されたのが小沢善平である。彼はもともと生糸輸出頌商に勤めていたが、米国人宅でワインを味わいその魅力に惹かれ、葡萄栽培法と醸造法を取得するために米国に趣いた。当時の米国はワインにおいては揺籃期であったと思われるが、苦労の末数年を経て明治6年に帰国し、東京谷中および高輪に開園した。

ワインに対する明治の人々の気概は大変なものがあったが、特に桂二郎(外務大臣桂太郎の弟)と大藤松五郎は傑出していた。前者はドイツのガイセンハイム研究所へ、後者は米国カルフォルニアに留学している。桂は後に葡萄栽培新書を出版したり、新興葡萄園の育成に協力している。

明治4年、藤村紫郎が県令として甲府に赴任した。彼は日本のワインの幕開けを仕切った先達の一人といえる。明治9年、山梨県は甲府場内に勧業試験場を設置し、さらに葡萄酒醸造所を設立した。和洋の葡萄苗をはじめ、穀菜、果樹類の試験栽培を行った。ここには桂や大藤も参画し、指導的役割を果たした。

政府は明治7年に三田育種場を開設し、欧米の葡萄品種を導入して全国に分与した。場長になったのは前田正名である。

このような公のワイン産業推進策に対応する民間の動きもあった。特に勝沼地区の有志が祝村葡萄酒醸造会社を設立した(明治１０年)。株主は７２名で、その子孫で現在もワイン醸造に携わっている方もいると思われる。

この会社の業績の一つにフランスへの留学生の派遣がある。たまたまパリで万国博覧会があり、前田正名(明治2年にパリに留学し、帰国)が派遣されることになり、2人の留学生を同行した。高野正誠(まさなり)、土屋助次郎(後の龍憲(たつのり))である。彼らの留学先は、前田の知人のいるブルゴーニュ北のトロワ市であった。彼らの日記を読むと、その苦労が忍ばれる。高野が著した『葡萄三説』の序文の中に興味深い記述がある。ある日、フランス人が棍棒を振り上げてお前は敵だという。その理由を聞くと、日本は生糸産業が盛んで桑畑が多い。フランスも同じだから、将来、日本が葡萄の産地になってフランスワインの競争相手になるに違いないと。もちろんこれは冗談ではあったが、高野は桑畑のある所には葡萄が育つと考えていた。

明治１２年、彼らは帰国し、３０石余りのワインを醸造した。原料は甲州種である。明治１３年には１８０石を醸造したとある。醸造器具は清酒用の器具を流用した。やがて横浜で古樽をみつけ利用した。また、三田育種場からフランス系の葡萄を導入したがうまくいかなかった。欧州系の葡萄栽培は全国的に不良であった。このことが以後の日本のワインが米国系葡萄依存へと導くことになった。

一方、篤農家の興業社を経営していたスケールの大きい企業家高野積成(さねしげ)の存在が注目される。彼は早くから葡萄栽培を会得していて、祝村葡萄酒醸造会社の設立に参画した。原料葡萄には外国品種の導入が不可欠として運動した。積成は正誠と親戚ではないが、日本に広大な葡萄園をつくる考えは共通していた。積成には富士山の裾野を開拓する夢があった。

しかし、祝村葡萄酒醸造会社の業績は悪化の一途を辿り、明治17年には機能が停止し、19年に解散した。これより先、土屋龍憲は宮崎光太郎と新会社を設立した。後の甲斐産商店である。しかし、数年後には宮崎と袂を分かつこととなる。その後、弟喜市郎と土屋洋酒店を、また東京で甲斐産葡萄酒商会を設立した。後者は明治29年には出資者の対立から閉鎖された。土屋は独立して土屋第三商店を設立し、一時盛んであったが、日清戦争後の不況下に閉鎖となった。

一方、宮崎は甲斐産商店を受け継ぎ発展させた。宮崎は自らも醸造を始めた。後に大黒天印の甘味ワインで成功した。その時の醸造場は今も勝沼に現存し、メルシャン㈱が管理している。

明治20年、山梨県勧業試験場および醸造試験場が閉鎖したので、桂二郎はその土地および一切の設備を譲り受け、私営の花菱葡萄酒醸造場を設立した。これは後に札幌葡萄酒醸造場となった。先に北海道開拓使庁が札幌に葡萄園を開き、外国品種の栽培試験および醸造を行ったが、明治10年には開拓使庁が廃止となり、19年にそのすべてが桂二郎に委ねられたという経緯があった。

山梨を中心としたワイン産業は北海道をはじめ各地に伝播した。青森県弘前には藤田半左衛門と久次郎の経営するワイン醸造場があり、後に桂二郎の指導を受けた。ここでは垣根仕立てであったという。

先に述べたように明治6年に帰国した小沢善平は、東京谷中と高輪にに撰種園を開き、葡萄苗を頒布した。さらに著書を著し、各地の葡萄園の育成に貢献した。また妙義山の麓に葡萄園を開園した。その中にデラウェア種があった。その後、今日までこの品種が日本の葡萄農家にいかに貢献したか計り知れない。

西欧の農業を学び明治7年に『農業三事』を著した津田仙は学農社を経営して日本の農業に大きな貢献をした。

日本は富国強兵のため殖産産業を推進したが、その中にワイン産業があったことは先に述べた。内務省は内藤新宿試験場をつくった。後に前田正名の努力により三田育種場となり、葡萄苗木が全国に頒布された。米国種は適応したが、欧州種は不適応であった。農商務省はこのことに気づき、13年頃、播州葡萄園を開園した。園長は福羽逸人で、ヴィニフェラ種の栽培を行った。後に前田が買い取ったが、後にフィロキセラの汚染により廃園となった。

『日本のワイン―誕生と揺籃時代』(麻井宇介)によると、明治18年、全国の葡萄栽培数は67万本に達した。内訳は、愛知33万、兵庫9万、東京5万、岡山4万、広島3万、青森2万、札幌1.6万、函館1.2万、山口1万であった。愛知県が最も多いのは、知多の資産家盛田久左衛門の提唱で約500町歩に及ぶ葡萄園があったからである。

だが、明治17年に三田育種場から提供された葡萄苗木がフィロキセラに汚染されていたため、小野孫三郎、大藤松五郎、福羽逸人らが販布先の懸命の調査、処理を行ったが、いずれの地域も壊滅的打撃を受けた。これにより日本のワインの発展は大きな阻害を受けることになった。

日本各地における葡萄栽培醸造について簡単に述べておく。

明治23年、新潟県高田で葡萄栽培を開始したのが川上善兵衛であった。川上は資産家であったが、葡萄の品種改良のために私財を抛(なげう)ってその一生を捧げた。彼は先輩たちと交流を持ち、特に土屋龍憲、小沢善平に親しく教えを請うた。彼はヴィニフェラ種とラブルスカ種との交配により新品種の育成を行い、万を超える交配種の中から19の優良種を選択した。これらの醸造特性についての研究は、東京帝大の坂口謹一郎研究室で行われた(昭和14~15年)。川上の業績は、昭和16年に日本農学会賞に輝いた。川上のつくった品種のうち、今日にまで広く栽培されているのはマスカット・ベリーAである。

今や日本固有の赤ワイン原料である。

これより先、明治２３年、栃木県那須郡の大島高任(たかとう)が那須野原葡萄園を開園した。これがきっかけとなって栃木県に葡萄栽培者と醸造家が増えたが、しかし長続きはしなかった。

明治２７年、山梨県東八代郡の川崎善次郎および降矢虎馬之助が免許を得て、前者は軍配印祝勝産葡萄酒、後者は凱旋門印で売り出した。これは今日の甲州園となった。蟹印の池田濱吉醸造場は勝沼で甲斐葡萄酒を造り内外の博覧会にも出品している。このほか、甲州葡萄酒本舗、中央葡萄酒、丸藤葡萄酒などが明治から大正にかけて創業された。

明治３０年、高野積成が中心になって甲州葡萄酒㈱が設立され、山梨県の多くの有力者が参画した。一時は発展の機運があったが、３４年に醸造も中止された。この年、同名の会社が設立された。達磨印で昭和3年にマルキ葡萄酒に吸収された。マルキ葡萄酒は土屋龍憲の弟喜市郎の経営によるもので、の印は現在のまるき葡萄酒に引き継がれている。

他に甲府市で東洋葡萄酒㈱ができたが、４2年に解散した。これを大正6年に継承したのが現在のサドヤ(今井精三)である。父の精三と息子の友之助、親輔兄弟は、その後ボルドー系の葡萄栽培に成功し、優れたワインを産出した。その意志は、現在、裕久社長に受け継がれている。

明治２７年、茨城県牛久で甘味ワインで成功していた神谷伝兵衛、伝蔵父子が葡萄園を開園した。伝蔵はフランスで学び、帰国後、醸造を行い、３６年には今に残るシャトーを建立した「合同酒精㈱が管理」。この葡萄はフランスのものであったので、高く評価された。

また２７年には猿島郡の塚原積蔵が高野積成の指導で葡萄園を開園した。

長野県は、現在、桔梗ヶ原をはじめとして各地に葡萄園が開園され、メルローやシャルドネなどから優れたワインが醸成されている。明治２８年、豊島理喜次が桔梗ヶ原で葡萄園を開園した。その後の紆余曲折があり、４１年に塩尻の大和寿雄が継承し、巴印ワインを造った。ほかには小県郡で三ツ井庄次郎が固印純粋生ワインを出したが、5年ほどで閉鎖した。大正から昭和にかけての甘味ワインの原料は、ナイヤガラ、コンコードが主であったが、林伍一は、自園で多くのヴィニフェラの試験栽培を行い、現在のメルローの基礎をつくった。

群馬県出身の小沢善平は、各地の葡萄園の育成に貢献する一方、妙義で葡萄園を開園し、少量であるがワインも造っている。

中垣英雄は、ワイン醸造のため米国での6年の研修後、明治27年から日本各地に葡萄適地を探し歩いた。神奈川県保土ヶ谷に帷子葡萄園を開園し、39年からは自園原料で醸造した。東郷葡萄酒の後にダイヤモンド葡萄酒となった。

明治28年、愛媛県に山梨県からアメリカ品種が導入され、33年醸造が始まった。これは乗松熊太郎によるもので、以後変遷を経て青木醸造場となった。

兵庫県では、フィロキセロの汚染により明治13年頃に開園された播州葡萄園が廃園された後、坂上清兵衛がカタウバ種(*Catawba*)を導入して一時は栽培者が増えた。しかし、その酒は狐臭が強く、不評であった。一方で、35年には淡路葡萄酒醸造合資会社が設立された。

明治44年、岡山県では稲本富太郎などが吉備葡萄酒醸造所を設立してワインを造り始めた。その後、山陽葡萄酒合資会社となった。

石川県河北郡では、武内七三郎などが野生葡萄からワインを造った。また、水島初太郎が山梨より西洋種を取り寄せ栽培、醸造を行った。

山形県は最近まで山梨、長野と並んで葡萄、ワインの産地であった。甲州種もあった。中心は今の南陽市、赤湯であった。いろいろの品種の中で残ったのはコンコードで、高橋傳四郎、酒井蒲惣などにより醸造された。酒井は明治25年に蟻印ワインを造った。今日まで製造が続けられている。30年には斎藤次右衛門が月印ワインを造った。大正に入ってから神谷酒造が甘味ワインの原料確保のため赤湯工場を建設したことからコンコード種(*Concord*)の大栽培地となった。

見てきたように日本のワイン醸造は明治時代に全国的に始められた。特に山梨県は官界の後援もあって盛んであった。ここで特筆すべきは小山新助である。彼は土木請負業で、明治36年に甲府まで開通した中央鉄道東線の工事に関係していた。彼は桂二郎の後援を受け、42年に道尾山登美農園を開園した。広さは45万坪であった。初めは小山開墾事務所として発足し、後に大日本葡萄酒㈱とした。技師に飯田庄太郎を招き、さらに桂二郎に依頼しドイツからハインリッヒ・ハムを招いた。ハムが招かれた時、甲運村にはフィロキセラが蔓延していたので、免疫性台木を輸入して接ぎ木する方法を公開している。各地から篤農家が訪れたという。ハムは原料がラブルスカ種であることを悩み、ヴィニフェラ種の垣根仕立てや株仕立ても試みている。しかし、彼の日本ワインに対する情熱は、第一次世界大戦への応召と捕虜に捕らわれたことにより中絶されることとなった。大日本葡萄酒㈱は経営不振から新たに帝国シャンパン㈱となり、華族たちの思惑も絡み出資者が多かった。今度はフランスからF・グレマン・フックを招き、神奈川県の戸塚に1万坪の工場を作った。シャルマータンクも設置された。しかし、ハムの急死により計画は頓挫し、日本葡萄酒㈱として甘口のポートワインを出した。不幸なことに関東大震災により登美農園、戸塚の工場、そして特約店も大損害を被った。

昭和10年頃には法令の改正により農家が醸造免許がとりやすくなり、3000人以上の免許取得者がいた。これも第二次世界大戦で減少し、150弱に減少した。

昭和11年、壽屋の鳥井信治郎は、坂口謹一郎の紹介で荒廃した登美農園を入手し再建を図った。これには川上善兵衛、英夫の父子の協力があった。川上の品種改良の成果はここで花開いたといえよう。現在ではヴィニフェラ種の栽培に変わっている。

日本のワイン史を語るうえでは、日本式ポートワイン(今は単に甘味果実酒という)のことに触れる必要がある。これは1~2割のワインを水増ししてアルコール、甘味、香料を調合したもので、明治15

年に神谷伝兵衛が蜂印香竄葡萄酒を出し、宮崎光太郎の大黒天印、さらに32年、鳥井信治郎が赤玉ポートワインを出し大いに普及した。これらの原料酒としては、むしろ狐臭のあるラブルスカワインが有利であったことから、山梨、長野、山形、大阪などの葡萄園がその供給地となった。このことが日本の大衆のワイン認識を偏向させたといえる。しかしながら、葡萄園の存続には大いに貢献したともいえる。

第二次世界大戦後、オリンピック・万博の開催、海外旅行の簡易化と相まって、食事の欧米化が大いに進み広く一般家庭にもワインが普及してきた。昨今のワインブームは記憶に新しいところである。輸入ワインが増加する一方で、既存のメルシャン、サントリー、合同酒精などが伸張し、協和醗酵、キッコーマン、サッポロビールなどが参入した。また、古参の小メーカーや地方自治体経営のワイナリーの努力が実ってきた。今やヴィニフェラの垣根仕立てにも成功し、海外のコンクールに入賞するまでになっている。

甘味果実酒によって命脈を保たれてきた日本のワイン産業は、1975年に果実酒の消費量が甘味果実酒のそれを上回った。かつて、果実酒消費量が年間1人当り20~25ミリLであったものが2000年に入ると、3Lつまり100倍以上に伸張した。

今や日本の各地でヴィニフィラ種の栽培が垣根造りで始められていて、質の高いワインが造られるようになっている。

簡単に日本のワインについて触れたが、詳細については、『山梨のワイン発達史』(上野晴朗)、『日本ワイン文化の源流』(上野晴朗)、『日本のワイン―誕生と揺籃時代』(麻井宇介)、『翔べ日本ワイン』(大塚謙一・山本博編)を参照されたい。

シードル（林檎酒）

旧約聖書の「アダムとイヴ」の禁断の実が林檎であることは誰しもが知っているが、ギリシャ神話にも林檎が出てくる。つまり、林檎は古い果実で、人間との接触が古くからあったのである。しかし、林檎が酒になるのはずっと後で、文献に初めて登場するのは、西ローマ帝国のチャールズ大帝（742〜814）の時代である。しかし、世界有数の林檎および林檎酒生産が英仏海峡の両岸、つまりイギリス西南部、フランス北部で盛んとなったのは、13世紀から14世紀にかけてである。1550年代にはフランスのノルマンディーで林檎栽培が本格化し、同時にシードルづくりも盛んとなった。シードル造りが17世紀に本格化した頃、シードル用の加工林檎品種の選別が行われたといわれている。しかし、この酒が定着したのは、フランスが1870年代、イギリスが1890年代である。1800年代初期にアメリカに伝えられ、マサチューセッツ州、ヴァージニア州で造られるようになった。

果皮の軟らかい葡萄は潰して液汁を取り出すのが容易で、足踏みでもできる。しかし、林檎のような硬い果物から汁を取り出すことが困難であったこともシードルの製造が遅れた要因であろうと思われる。林檎酒は、フランス語でCidre、英語でCider、スペイン語でSidraである。

引用・参考文献（著者五十音順）

・青木正児：中華飲食詩、筑摩書房、1984

・青木正児：酒中趣、筑摩書房、1985

・秋本吉郎校注：風土記、日本古典文学大系、岩波書店、1987

・秋山裕一：酒づくりのはなし、技報堂出版、1983
・秋山裕一：日本の酒、岩波書店、1994
・伊谷樹一：竹の酒ラウンジ―タンザニア・イリンガ州、酒造りの民族誌(山本紀夫・吉田集而)、八坂書房、1995
・麻井宇介：日本のワイン―誕生と揺籃時代、日本経済新聞社、1992
・H.B.Enjalbert：History of Wine and the Vine, Paris, 1987
・石毛直道：世界の酒、朝日百科132、1983
・石毛直道：酒と飲酒文化、平凡社、1998
・石橋四郎編：酒文献類聚、第一書房、1976
・泉靖一：インカ帝国、岩波新書、1984
・伊藤うめの：日本古代のタガネ飴とタガネ米餅とカムタチ麹と日本酒、風俗、18、1969
・伊藤義教：アヴェスター(辻直四郎編)、筑摩書房、1985
・稲垣真美：日本のビール、中公新書、1978
・井上光貞編：日本書紀、中央公論社、1988
・岩野俊：まぼろしの古酒、木耳社、1987
・岩村忍編：西域とイスラム、世界の歴史5、中央公論、1983
・コリン・ウイルソン(田村隆一訳)：わが酒の賛歌、徳間書店、1989
・上田誠之助：日本酒の起源、八坂書房、1999
・植田敏郎：ビール読本、日本経済新聞社、1972
・上野晴朗：山梨のワイン発達史、勝沼町役場、1977
・上野晴朗：日本ワイン文化の源流、サントリー博文庫、1982
・上原誠一郎：ビールを愉しむ、ちくま新書、1997
・H.G.Woscheck：Der Wein, Callwey, 1975
・内村泰雄：照葉樹林の麹文化、温故知新、33巻、23頁、今野商店、1996
・岡田明憲：ゾロアスター教の神秘思想、講談社現代新書、1988
・大谷彰：中国の酒、柴田書店、1974
・大谷探検隊・長沢和俊編：シルクロード探検、白水社、1966
・大塚謙一：きき酒のはなし、技報堂出版、1992
・大塚謙一：推理スサノヲノミコトの酒、酒史研究、11号、1993

・大塚謙一・山本博編：翔べ日本ワイン、ワイン王国社、２００４
・大森清隆：ヤシ酒の産地を訪ねて、Gastronomy、料飲専門家団体連合会、２００１
・小川環樹・今鷹眞・福島吉彦訳：史記列伝（4・5）、岩波文庫、１９８５
・小崎道雄：アンナン山脈南部高地（ベトナム）の米酒―ルオウ・カンとルオウ・ネプー、日本醸造協会雑誌、９７巻、２００２
・越智猛夫：内蒙古自治区の酪農事情、醍醐考、東北福祉大紀要、１９８９
・越智猛夫：乳酒の研究、八坂書房、１９９７
・科学朝日偏：モンゴロイドの道、朝日選書、１９９５
・加藤百一：日本の酒造りの歩み、日本酒の歴史（加藤辨三郎編）、協和発酵、１９７６
・加藤百一：日本の酒５０００年、技報堂出版、１９８７
・レーモン・カルヴェン（山本直之訳）：パン、クセジュ文庫、白水社、１９６５
・木俣美樹男：シコクエビの酒チャン、酒造りの民族誌（山本紀夫・吉田集而）、２１９頁、八坂書房、１９９５
・桐島昇一：天下の芳醇、友田誠真堂、１９１７
・キリンビール編：ビールと日本人、河出文庫、１９８７
・櫛引博敬：林檎の本、経済界、１９７８
・小泉武夫：麹カビと麹の話、光琳書店、１９８４
・古賀守：ワインの世界史、中公新書、１９７５
・胡山源：古今酒事、上海書店、１９８６
・菰田快：ネパールの酒、日本醸造協会雑誌、６６巻、１９６５
・坂口謹一郎：日本の酒、岩波新書、１９６４
・坂口謹一郎：麹のルーツ、麹学（村上英也編）、醸造協会、１９８７
・佐々木高明：照葉樹林文化の道、ＮＨＫブックス、１９８６
・重田真義：エンセーテの酒―エチオピア、酒造りの民族誌（山本紀夫・吉田集而）、八坂書房、１９９５
・重田真義：大地の恵みを飲む―アフリカの雑穀の酒、酒造りの民族誌（山本紀夫・吉田集而）、八坂書房、１９９５
・篠田統：中国食物史の研究、八坂書房、１９７８
・篠田統：米の文化史、社会思想社、１９８２
・ヒュー・ジョンソン（小林章夫訳）：ワイン物語、ＮＨＫ、１９９０
・白井隆一郎：パンとワインを巡り、神話が巡る、中公新書、１９９５
・A・スタイン（沢崎順之助訳）：中央アジア踏査記、西域探検紀行全集8巻、２５６頁、白水社、１９６６

・P・E・L・スミス(戸沢充則・河合信和訳)：農耕の起源と人類の歴史、有斐閣、1986
・住江金之：酒、西ヶ原刊行会、1936
・S・I・スミグノフ(須田正継訳)：コンロン紀行、白水社、1968
・関根正雄訳：創世記、岩波文庫、1986
・宋應星(藪内清訳注)：天工開物、東洋文庫、1989
・高橋偵造：総合農産製造学醸造編、西ヶ原刊行会、1931
・多田鉄之助：食味の神髄、萬里閣、1951
・田中二郎：カラハリ砂漠の果実酒、酒造りの民族誌(山本紀夫・吉田集而)、八坂書房、1995
・田中静一：一衣帯水、柴田書店、1987
・田中静一・小島麗・太田泰弘訳：斉民要術、雄山閣、1997
・田中利雄ら：麹について、発酵工学会誌、60巻、1982
・知切光蔵：玄奘三蔵、仏教出版局、1964
・辻直四郎：インド文明の曙、岩波新書、1967
・辻直四郎：リグ・ヴェーダ賛歌、岩波文庫、1985
・辻直四郎他：ヴェーダ・アヴェスターし、世界古典文学全集3巻、筑摩書房、195?
・中国酒文化、上海人民美木出版社、1996
・鶴間和幸編：四大文明─中国、NHK、2002
・鄭大聲：朝鮮の酒、築地書館、1987
・寺本祐司：ハチミツ酒について、日本醸造協会誌、96巻、314頁、2001
・鴇田文三郎：一万年の足音、食の科学選書、光琳、1992
・鳥山國士・北嶋親・濱口和夫編著：ビールのはなし、技報堂出版、1997
・L・ドローヌ(矢島文夫・石沢良昭訳)：シナ奥地を行く、白水社、1968
・中尾佐助：麹酒の系譜、朝日百科132、1983
・中尾佐助：世界の酒、朝日百科132、1983
・中尾佐助：東アジアの酒、日本醸造協会誌、79巻、1984
・中川昌一：ブドウを知ればワインが見える、大阪公立大共同出版会、2002
・永ノ尾信悟：古代インドの酒スラし、酒造りの民族誌(山本紀夫・吉田集而)、203頁、八坂書房、1995
・中村喬編訳：中国の酒書─酒譜、東洋文庫、1991

・難波恒雄・更田善嗣：東アフリカの酒、醸造協会雑誌、６３巻、１９６８
・ウオリス・バッジ（今村光一編訳）：死者の書、たま出版、１９８５
・花井四郎：黄土に生まれた酒、東方書店、１９９２
・塙狼星・市川光雄：アフリカのヤシ酒、酒造りの民族誌（山本紀夫・吉田集而）、八坂書房、１９９５
・濱口和夫：ビールうんちく読本、ＰＨＰ研、１９８８
・林屋永吉訳：コロンブス航海記、岩波文庫、１９７７
・原田恒雄：金のジョッキに銀の泡、たる出版、１９９０
・春山行夫：ビールの文化史1・2、平凡社、１９９０
・万国光：酒話、中国科学普及出版社、１９８７
・プリニュウス（中野定雄・中野里美・中野美代訳）：博物誌、巻2、雄山閣、１９９０
・N・M・プルジェワルスキー：黄河源流からロプ湖へ、白水社、１９６７
・T・ブルフィンチ（大久保博訳）：ギリシャ・ローマ、角川文庫、１９８１
・ヘーシオドス（松平千秋訳）：仕事の日、岩波文庫、１９８６
・ヨハン・ベックマン（特許庁内技術史研究会訳）：西洋事物起源、ダイヤモンド社、１９８０
・包啓安：中国の製麹技術について、日本醸造協会誌、８５巻、１９９０
・松尾治：古代の酒と神と宴、独歩書林、１９９４
・V・マッソン（加藤九祚訳）：埋もれたシルクロード、岩波新書、１９８１
・松前健：出雲神話、講談社、１９７６
・松村武雄編：マヤ・インカ神話伝説集、社会思想社、１９８４
・松本清張：火の路（上・下）、文春文庫、１９７８～７９
・松本清張：清張日記、朝日文庫、１９８９
・松本健編：四大文明―メソポタミヤ、ＮＨＫ、２０００
・松本武一郎：「延喜式」の酒、日本醸造協会誌、７６巻、１９８８
・松山晃・永ノ尾信吾：古代ジャワの酒とインド・中国の影響、醸造協会雑誌、１９２号?、９２頁?、１９９７
・松山茂助：麦酒醸造学、東洋経済新報社、１９７０
・マルコ・ポーロ（青木一夫訳）：東方見聞録、校倉書房、１９６０
・マルコ・ポーロ（青木富太郎訳）：東方見聞録、社会思想社、１９６９
・宮崎市定編：宋と元、世界の歴史6、中公文庫、１９７５

2　醸造酒

・明治屋：酒類辞典、１９８７
・矢島文夫：メソポタミアの神話、筑摩書房、１９８９
・安田喜憲：ノアの大洪水は史実だった、歴史街道、５９頁、ＰＨＰ研、１９９４
・山際寿一：サタンの水—中央アフリカ・キブ湖畔の酒、酒造りの民族誌（山本紀夫・吉田集而）、八坂書房、１９９５
・山崎幹夫：毒の話、中公新書、１９８７
・山崎百治：東亜醗酵化学論攷、第一出版、１９４５
・山田憲太郎：香料の道、中公新書、１９７７
・山室静訳：ギリシャ神話、社会思想社、１９８０
・山室静訳：北欧神話、社会思想社、１９８０
・山本紀夫：神々への捧げもの、プルケ酒、酒造りの民族誌（山本紀夫・吉田集而）、八坂書房、１９９５
・山本幸雄：ビール礼賛、東京書房、１９７３
・吉澤淑：酒の文化誌、丸善ライブラリー、１９９１
・吉田集而：東方アジアの酒の起源、ドメス出版、１９９３
・吉田集而：口噛み酒の恍惚剤起源説、酒と飲酒の文化（石毛編）、平凡社、１９９８
・吉野裕訳：風土記、平凡社、１９８７
・吉村作治：ファラオの食卓、講談社、１９８６
・O・ラティモア（谷口陸男訳）：西域への砂漠の道、白水社、１９６８
・ヘンリー・ランスデル（大場正史訳）：西トルキスタンへの旅、白水社、１９６７
・渡辺純：ビール大全、文春新書、２００１

3 蒸留酒

世界の蒸留酒の中でウイスキー、ブランデー、ラムおよび白酒（ぱいじょう）がその普及度と生産量の面で四大蒸留酒といえるだろう。

蒸留酒はもともとその技法が伝播した酒であるが、ブランデーやウイスキーのように各地に伝播していった酒と、中国の白酒や東南アジアの蒸留酒のように限られた地域に固定伝承されているものとがある。ここでは前者を伝播型蒸留酒、後者を伝来–伝承型蒸留酒として区分することにした。初めに蒸留酒の起源と蒸留器の変遷について触れることにする。

蒸留酒の起源と蒸留器の変遷

蒸留酒の起源

蒸留とは物の中の揮発性組成物を蒸発させ、それを液体に凝縮することである。果実酒などは自然発生的に生まれたという考えも完全には否定することはできないが、蒸留酒は人類が意図的に造ったものである。つまり、人類のみが造り得る酒である。だが、蒸留酒をいつ頃から手にすることができたのかについては明確な答えは得られていない。

枝川公一〔『焼酎・東回り西回り』（玉村豊雄編著）〕によると、紀元前3500年頃にメソポタミアでは既に蒸留が行われていたようで、蒸留用の土器が発見されているという。また、アビシニア（今のエチオピア）から蒸留器と思われるものが発見されているという。これらは酒でなく薔薇水などの蒸留に使われたらしい。

古代エジプト人も蒸留を知っていたと想像されている。パピルスに残されている処方には、ワインを加熱してこれに添加物を入れるとよく抽出できるとだけある。

菅間誠之助（『本格焼酎』）の考えによると、アレクサンドロス大王によりギリシャの自然科学とエジプトの工芸技術が融合し、原始的な蒸留器ができ、後にイスラムによりアランビックになったという。

ディオスコリデスは紀元1世紀頃のギリシャの医者で、原始的な蒸留器を書き残している。紀元前後、プリニウスは『大博物誌』に辰砂を乾留して水銀を得る方法、ワインを加熱すること、樹脂を加熱して蒸気を綿で捕えて搾って脂を得る方法などを書いている。

中尾佐助（『蒸留酒のインド起源説』）は、インド中央部に分布する甘い香りを持つマフア（Madhua）の蒸留酒を紹介し、これは4世紀の『スルータ』に書かれており、蒸留酒の最古の例で、その起源ではないかと述べている。この花は大高木で、早春に咲き、咲いた翌日には落花する。この花弁を乾

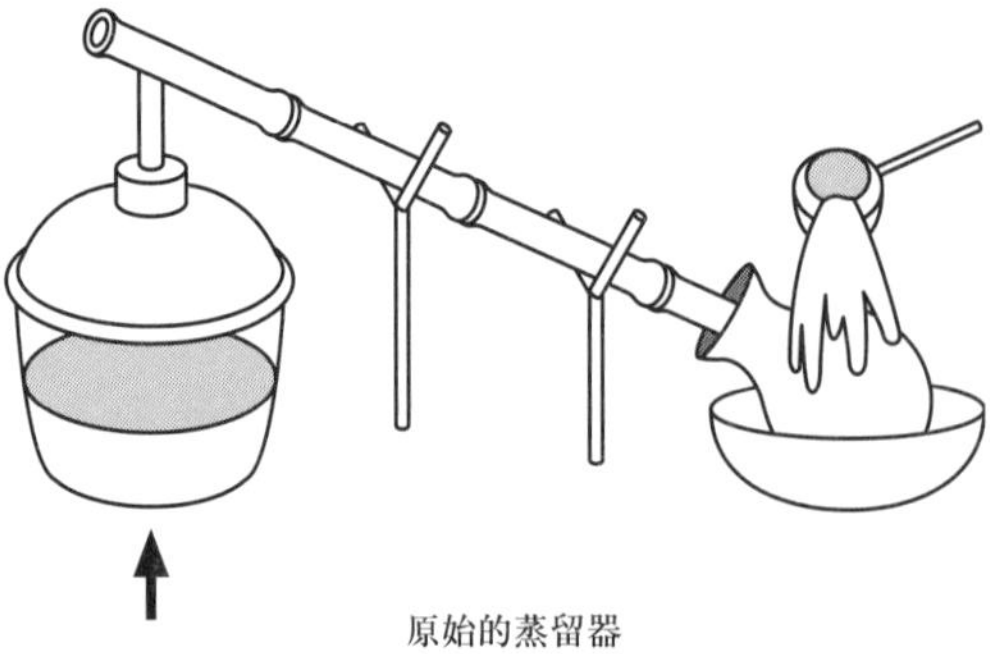

原始的蒸留器

かし、貯蔵する。永ノ尾信悟（『酒をつくる花マファア』）によると、糖分は70％以上あるという。

　中国では、周の時代（紀元前1100年頃）に蒸留についての記録があるといわれ、また東漢時代（後漢）の蒸留器が発掘され、そのレプリカによる蒸留が行われた報告がある。

　17世紀初めに近代化学の基盤がつくられるまでの1000年間、エジプトからアラビアを経てヨーロッパに伝わり風靡したのが錬金術である。その目的の一つは、卑金属を金や銀の貴金属に変えること、不老不死の霊薬をつくり出すということであったが、このような試みは当然のことに成功はしなかったが、そのための化学物質

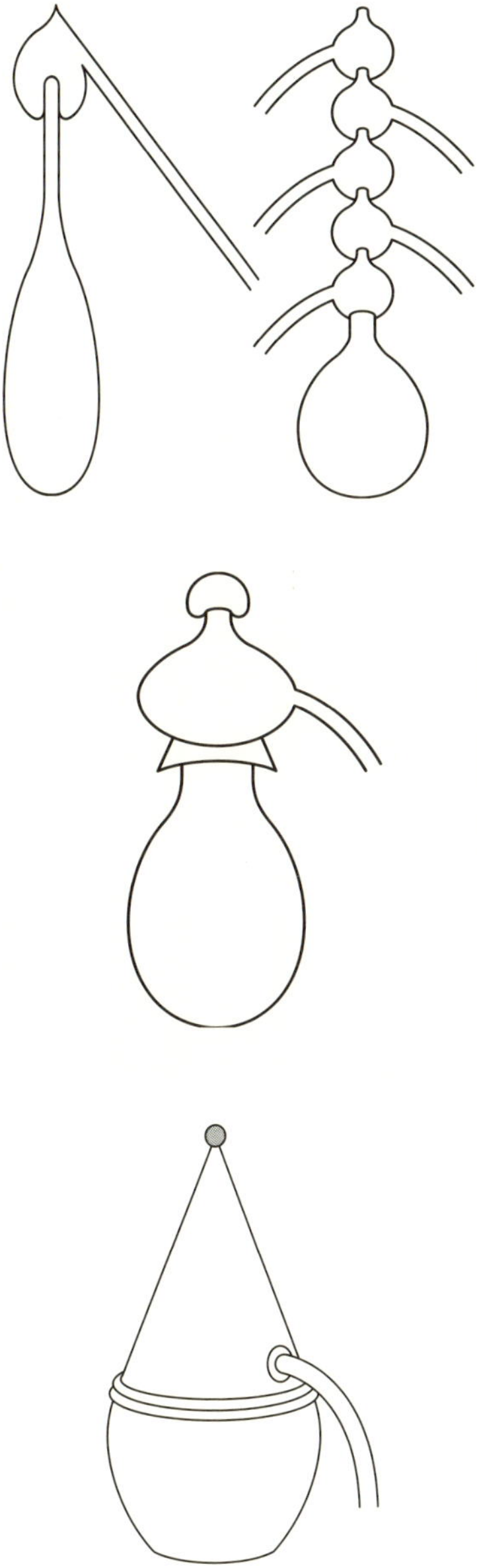

錬金術時代の蒸留器

アラビアの蒸留器

を取り扱う技術は大いに発達したし、思想的にも大きな影響を持つことになった。技術の中では蒸留は重要な過程であった。

アラビアの化学者たちはワインの蒸留技術をエジプトから学んだのであろうという説がある。8世紀の錬金術師マルクス・クロエクスは、白ワインを蒸留して無色の液体を得て、これを「液体の火」と名づけた。これがワイン蒸留についての初めての文献といわれている。

また、980年生まれのアラブの哲学者アヴィシネスは2つのアルコール製品について、ペルシャのラゼスは3つの蒸留物について著述を残しているという。ドイツの文献では商業的蒸留は1150年頃に発明されたとしている。12世紀にはマジステル・サレルヌスがアクアオルデンスをつくったという。

ワイン蒸留については、13世紀の2人の錬金術師が有名である。リュル・レイモンドとアルノー・ヴィルヌーブである。この2人については後述することにする。

現代に連なる蒸留の起源、つまり蒸留によりアルコールを取り出したのは、アラブとサラセンに求められる。アルコール(alcohol)やアランビック(alembic)という言葉は、アラビア語由来である。

蒸留器の変遷

酒の蒸留器には、単式と多段式、および連続式とがある。

単式蒸留器は、釜(pot, boiler, cooker)、兜(head, helmet)、立上がり部(swan-neck, alembic)、渡り(tube)、冷却部(condenser, coil, worm)からなる。

蒸留物が液体、固-液体、固形物によって兜の部分が違ってくる。液体がわずかに固形物を含む場合は、釜に直接入れて加熱できる。固形物が多い場合は、直接加熱すると焦げてしまうので、釜の上に簀の子を置いて物料を載せ、釜の加熱で生じた蒸気で蒸留する(この場合、釜はボイラーとなる)。

釜の上部に蒸気を還流できる段(数段以上)を設けたものが多段式蒸留器である。さらに多くの段を持つ塔を用いて醪を連続的に投入できるのが連続式蒸留器である。蒸気が1段通過すれば1回蒸留したことになり、段数が多いほどアルコール分は高くなる。

単式蒸留器の原型には、凝縮液の取出し方に内取り法と外取り法とがある。後の蒸留器につながるのは外取り法であることは確かである。

石毛直道[「東ユーラシアの蒸留器」『焼酎・東回り西回り』(玉村豊雄編著)]、吉田集而[「海を渡った蒸留器」『焼酎・東回り西回り』(玉村豊雄編著)]に紹介されているニーダム(J. Needam)の研究によると、ヘレニズム型(西方起源)、ガンダーラ型(西方起源)、モンゴル型(東方アジア起源)、中国型(甑法)の4つの類型に分類している。

① ヘレニズム型　錬金術の栄えたエジプトのアレキサンドリアが発生地となり、水銀をはじめ高沸点の物質が蒸留された、つまり低沸点のアルコールは採れない。アランビックの原型といわれる。頭部に冷却部を付けた型を吉田は頭部外取り型と名づけている。ムーアズヘッド型ともいう。

② ガンダーラ型　レトルト型で、ガンダーラ地方

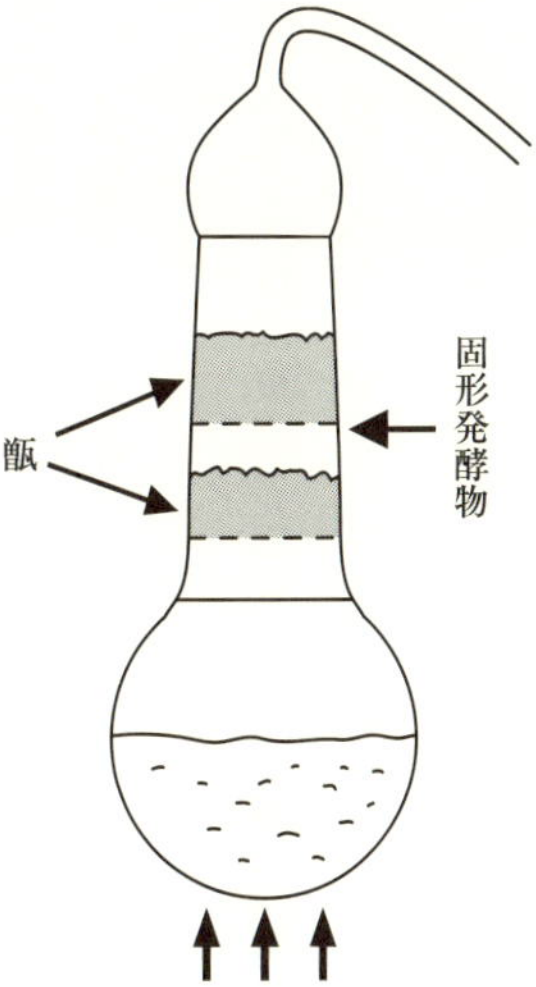

甑蒸留器

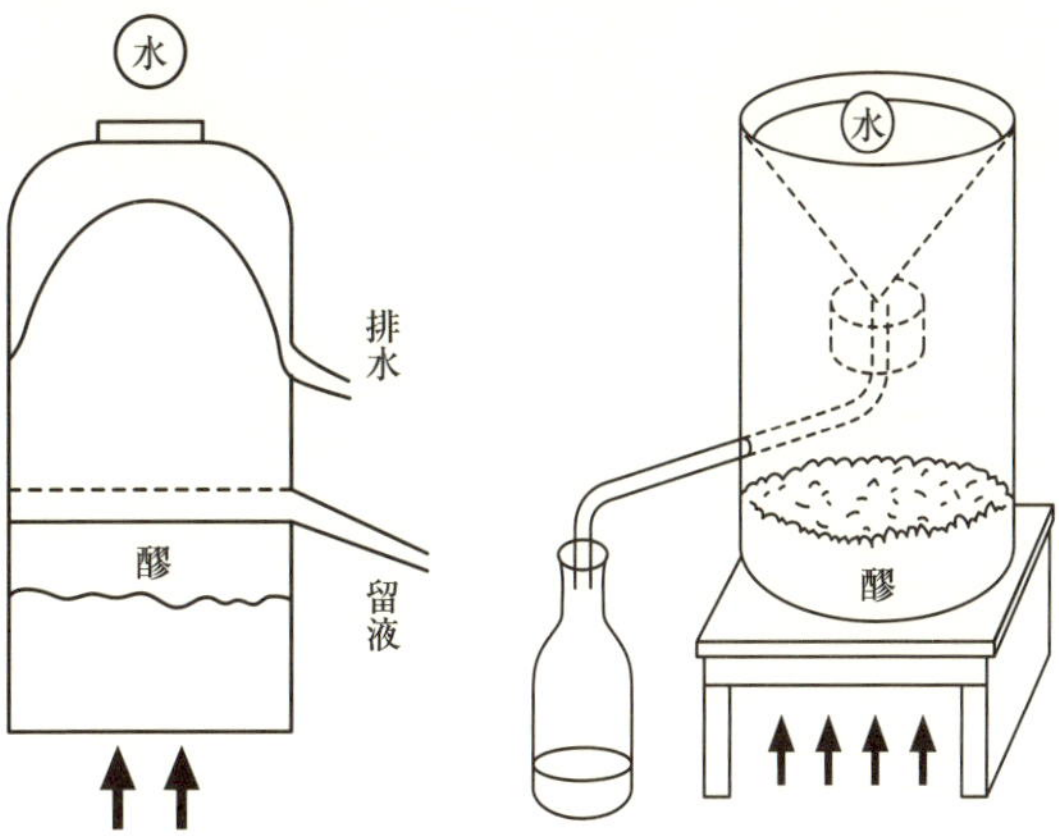

外取り式　内取り式
凝縮液の取出し方(蘭引)

のタキシラ遺跡から発掘された素焼きの土器から名づけられた。

③　モンゴル型　甑（こしき）を使い、頭部に水を張った鍋を置いた内取り法である。

④　中国型　モンゴル型で甑の外に蒸留液が流れ出る方式。

甑は中国では古く新石器時代の蒸す道具のことである。中国型は、元代に東南アジアから陸路伝播したと考えられている。醪が固形の場合は甑の底に簀の子を置く。日本への伝播は中国から朝鮮を経たものと南の島々からのものとが考えられる（日本では蘭引（らんびき）と称した）。

吉田集而は、蒸留器の型の違いの重要な点は、冷却方法の違いであって、上部が凸部のものは西方起源、凹部のものは東方起源であるとしている。

西方起源型は頭部冷却型と外部冷却型に分かれ、前者には内取り型と外取り型とがある。東方起源型にも内取り型と外取り型とがある。また、頭部冷却型（空冷式）がヘレニズム型、水冷型がムーア型、東方起源型の内取り型がモンゴル型に対応するという。

冷却方法は、蒸気の通る管を長くコイル状または円筒状にして、この部分を水冷却するのが近代的な方法である。

単式蒸留器の材質は、加工が容易で、熱伝導の良い銅が使われる。銅には、蒸気中に含まれる硫黄化合物を捕捉する効果がある。

単式蒸留器は多くの蒸留酒に使われてきたが、ブラン

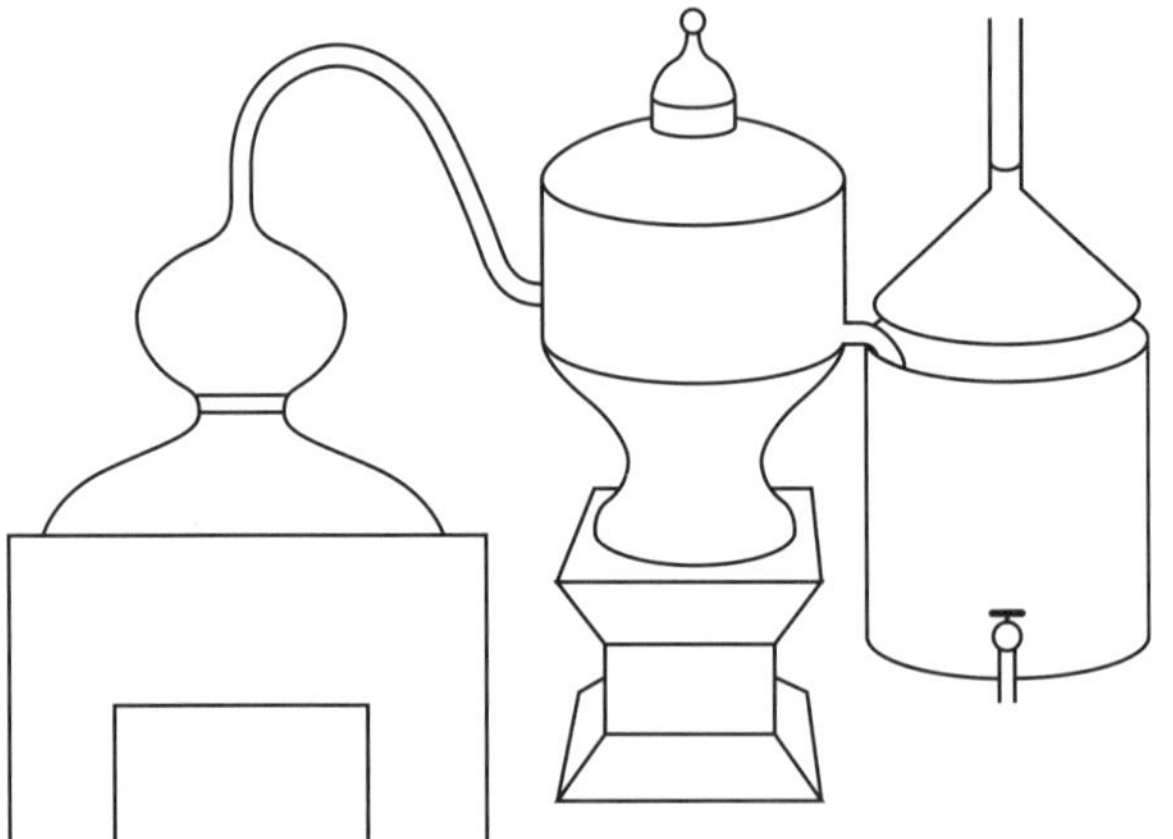

シャラント型ブランデー蒸留器

デー、ウイスキー、ラム、ジンなどでそれぞれ独特の形となった。図に示したもののほかに減圧式のものもある。

多段式蒸留器の典型としてアルマニャック用のものがある。日本の焼酎の場合も数段のものがある。

多段式連続蒸留機はまさに近代的な装置である。カフェスチル、パテントスチルは高アルコールが得られるが、微量の香気成分を含んでいる。アロスパス式蒸留機などは純アルコールに近いものがとれる。

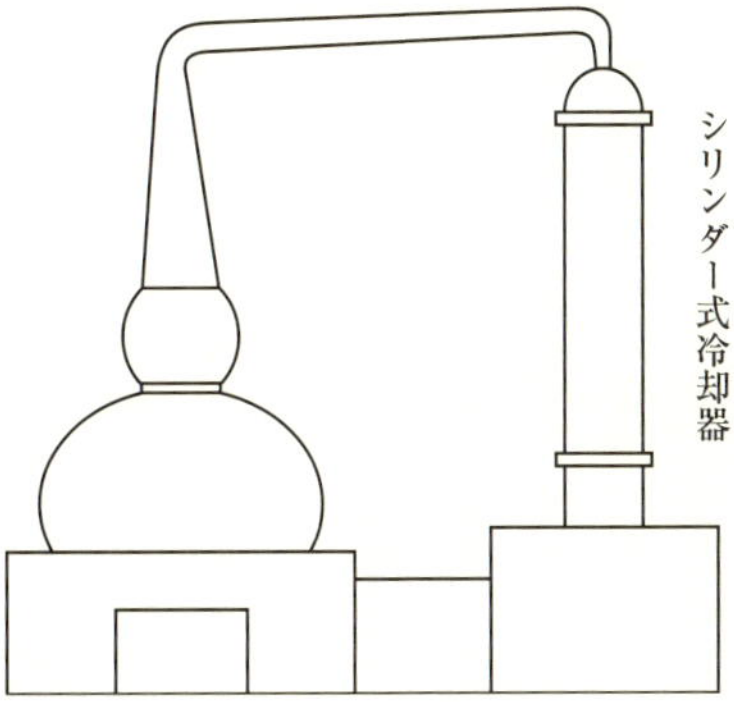

ウイスキー初留器

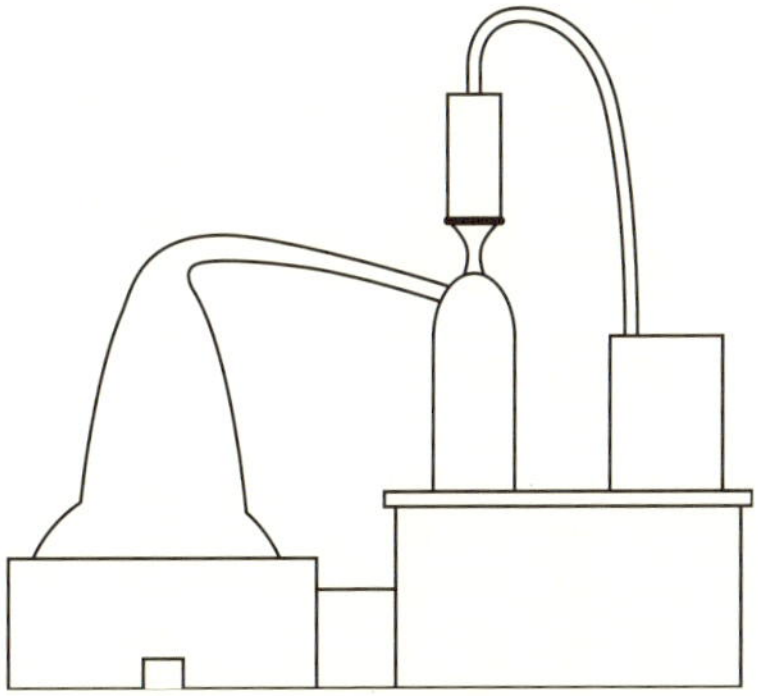
ウイスキー再留器

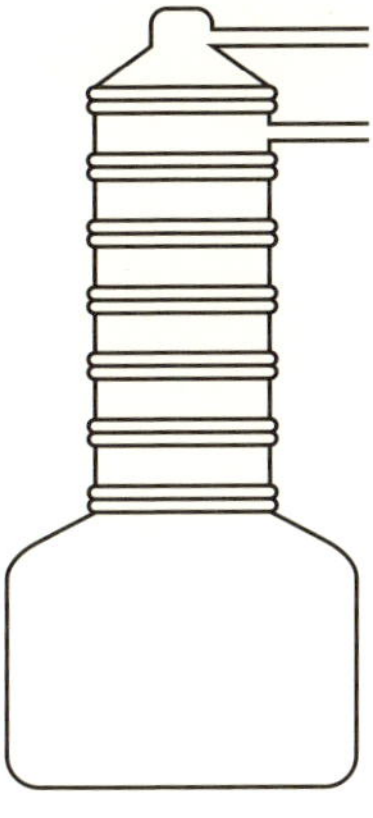
アルマニャック用の
多段蒸留器(連続式)

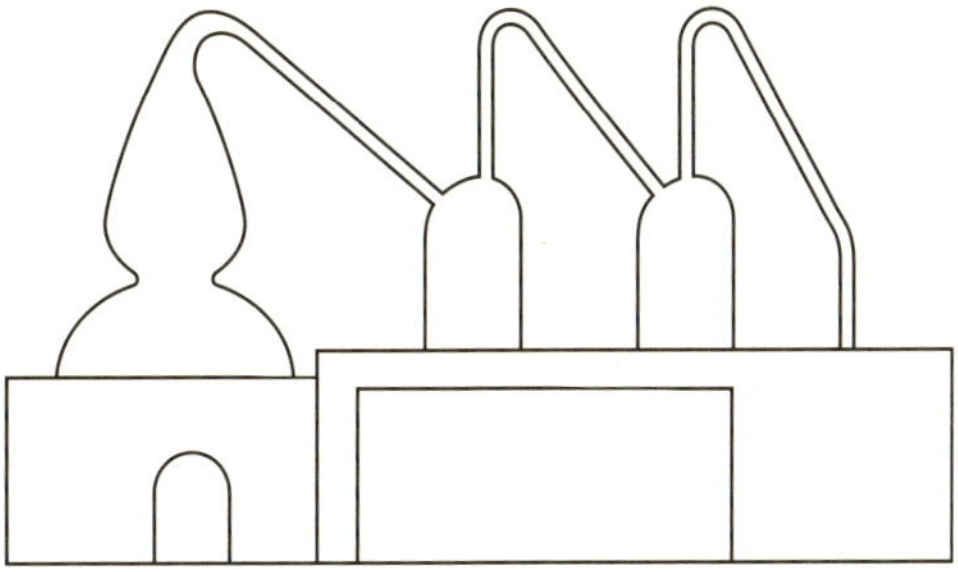
ラム蒸留器

伝来―伝承型蒸留酒

アラック

アラックは、東南アジアからインドにかけて造られてきた蒸留酒で、広く分布し、かつ多種多様である。もともとは西方から伝来してきたものであろう（アラビア語の汗、つまりaraqからの由来という説がある）が、閉鎖的環境（外との交流が少ない）のため外への伝播がなく、伝承的なものになったものと思われるものが多い。

アラックにはいろいろな綴りがある。arrack，arack，arak，araki，raki，rackiなどで、日本では南蛮酒として亜刺吉酒、荒木酒などと称した。

紀元前8世紀には既にインドにあったといわれている。現在、タイ、インドネシア、ジャワ、インド、スリランカ、フィリピンなどで造られている。

ココ椰子の樹液の発酵物を蒸留したものである。これはトディー（toddy）と呼ばれ、アルコール5％ぐらいである。これを簡単な蒸留器で3回蒸留して60％内外にする。このほか、糖蜜液や米を加えたりすることもある。米の場合は稲芽やラギーで糖化するらしい。糖蜜が多くなると、ラムに似てくる。

類縁のものが各地にある。セイロン、スマトラでは棕櫚（しゅろ）の樹液を原料としていて、アラックといっている。インドの西では棗椰子が原料でアラキという。インドから東にかけては果実、穀類、馬鈴薯などから造り、ラキという。このほか、エジプトのアラキ、トルコのラキ、バタヴィアのアラックもある。ネパールでは穀類を原料とした粒酒を蒸留したものをarakという。

以上のもの以外にユニークな蒸留酒がいくつか知られている。その2、3の例をあげる。

安渓貴子「ソンゴラの火の酒」『酒造りの民族誌』（山本紀夫・吉田集而）」は、マルメカヤ酒（ザイールのソンゴーラ）について次のように述べている。陸稲の籾を粗挽きし、水を加えて混ぜ、木の葉を敷いた籠に入れ、10～16日間置くと、カビで塊になる。一方、毒抜きしたキャッサバを団子にして乾かす。両者を混ぜてドラム缶で発酵させ、蒸留する。泡盛に似た風味であるという。

ザイールにはバナナ酒のカシキシを蒸留したカニャンガというものがある「「サタンの水」（山際寿一『酒造りの民族誌』（山本紀夫・吉田集而）」。

フィリピンには、現在、椰子酒トゥバを蒸留したランバノグがある。

変わったところでは、ハワイに30年ほど前まで造られていたオコレホウ（Okolehao）という蒸留酒があった。原料はタイ根（Ti-root）である。捕鯨船の船長が船の蒸気缶を持ち込んで蒸留したという。

中国の白酒

中国では蒸留酒を白酒（ばいじょう）と称するが、古くには焼酎、焼刀子、火酒、白乾、白乾児、汗酒、南蛮焼酒、阿刺吉酒などの名があった。

蒸留の初めは東漢時代（紀元1世紀頃）という説があるが、確実なのは金の時代といわれている。周恒剛（「中国の蒸留酒」『化学と生物』、24巻）によると、

1975年、河北省青龍県で銅製の蒸留釜が出土した。これは金の世宗時代の物で、少なくとも西暦1161年以前、すなわち、南宋時代の物であり、中国の蒸留術は800年も前から始まっていたことが分かった。

鈴木博「「酒の文化」『中国食文化事典』（中山時子編）」は次のように述べている。

中国の蒸留技術が中国で考えられたのか周辺の国から伝来したのか定説がない。伝来説にしても北方遊牧民を経た北方ルート説、アラビアの商人がインドから広州や泉州に伝えたとする南方上陸ルート説に分かれる。

なお、白酒の発酵はほとんどが固体発酵である。東南アジアに今までも残る粒酒、そして蒸留が伝播したのだろうか。

現在の中国には万を超える白酒の銘柄があり、中でも四川省は大産地である。成都には四川省産のすべての白酒が陳列されている館がある。

第4回全国評酒会で選ばれた13名酒は次のものである。

茅台（まおたい）酒（醤香（じゃんしゃん）型、貴州）　汾（ふえん）酒（清香（ちんしゃん）型、山西）　濾州老窖特曲（濃香（のんしゃん）型、四川）
西鳳酒（其他香型、陝西）　五糧液（濃香型、四川）　古井貢酒（濃香型、安徽）
重酒（其他香型、貴州）　全興大麹（濃香型、四川）　剣南春（濃香型、四川）
洋河大麹（濃香型、江蘇）　双溝大麹（濃香型、江蘇）　郎酒（醤香型、四川）
特製黄鶴楼酒（清香型、湖北）

現在の白酒は香気の特徴から5の型に分けられている。

・醤香型：茅台酒に代表される。茅香型。
「醤香突出　幽雅細膩　酒体醇厚　回味悠久」または「空杯留香　持久幽雅」。
濃醇でふっくらとした味が後まで残る。杯の酒を捨てた後の残香が良い。
・濃香型：濾州老窖特曲が代表的。
「窖香濃郁　綿甜甘冽　香味協調　尾浄余長」。
カプロン酸エチルと酪酸エチルが主体。
・清香型：汾酒に代表される。汾香型。

「清香純正　諸味協調　醇甜柔和　余味爽浄」。

酢酸エチルが主体。

・米香型：三花酒に代表される。

「蜜香清雅　入口綿柔　落口爽浄　回味怡暢」。

乳酸エチルとフェネチルアルコールがある。

・其他香型：董酒が代表的。いろいろな型がある。

中国では麹（ちゅい）は麯と書き、現在では曲の字が当てられている。白酒用の曲は、大曲、小曲、麩曲がある。

・大曲：小麦粉だけか、小麦、大麦、エンドウ豆の粉を混ぜ合わせ、水を加えて捏ねる。これを枠に入れて足で踏み固める（大型の煉瓦状）。室（はろ）で曲にする。製曲中の野温度は高温曲で60～65℃、中温曲で50～60℃である。高温曲は醤香型の茅台酒、濃香型の瀘州老窖特曲、其他香型の西鳳酒に使われる。中温曲は清香型の汾酒に使われる。名酒に選ばれたものはすべて大曲であった。

・小曲：米粉や糠を水で捏ね（酒薬も加える）、直径3センチメートルぐらいの団子にして曲としたもので、桂林三花酒に使われる。

・麩曲：小麦麩に蒸留粕と籾殻を混ぜて蒸し、コウジカビで曲にしたもので、最近は効率が良いことからよく使われている。

今や白酒の中で品質、知名度、高価格で茅台酒は群を抜いている。1856～67年頃に山西商人が汾酒の醸造法に倣い、小麦で曲をつくり、高粱を原料として造ったのが始まりといわれている［『中国の酒』（大谷彰）］。さらには山西、夾西、四川、貴州の伝播経路が考えられている。酒名にすると、汾酒、西鳳酒、瀘州大曲酒、茅台酒という系譜になる。これらの現在の製法を簡略に示す。

・汾酒：山西省の代表的名酒。中国の白酒の中で古くから有名で、唐時代に始まったといわれる。主原料は高粱で、曲は大麦とエンドウ豆である。蒸した高粱に曲を加え、土中に埋めた甕に仕込む。

発酵後、甑型の蒸留器で蒸留する。アルコール60～65%であるが、軽く爽やかできれいな香味がある。

・西鳳酒：夾西省の代表的名酒。高梁が原料で、曲は大麦60%、エンドウ豆40%を混ぜて粉砕して、水50%加える。枠に入れ足で踏み固める。室に入れて曲にする(約30日)。これを乾かし保存する。高梁を粉砕して蒸し、曲と混ぜ窖の中で発酵させる。蒸留後はアルコール60～65%である。

・瀘州老窖特曲酒：四川省瀘州産の名酒。大曲酒の代表的な白酒である。曲には特曲、頭曲、二曲、三曲とあり、評価もこの順になる。

高粱を粉砕し、籾殻と混ぜ煮蒸冷却後、酒母と曲と前回の蒸留粕を混ぜ、窖に入れる(水は加えない)。盛土で覆いをして発酵させる。蒸留は甑式で行う。

窖は、長さ3～4メートル、幅2～3メートル、深さ1.5～2メートルの長方形の穴で、古いものでは300年くらい経っているという。

もともとこの地の土は黄土であり、黄土中の成分、特にマンガンが不可欠という。窖の土壁には長年にわたり微生物が棲みついている。発酵はまず好気性菌(産膜酵母、酢酸菌、酵母など)が繁殖して酸素を消費して窖内を嫌気状態にする。酵母がアルコール発酵を行うと同時に、乳酸菌や酪酸菌が活動する。こうして脂肪酸のエステルが多量に生産される。蒸留前の物料を手に取ってみると、パサパサである。まさに固体発酵である。

・茅台酒：貴州省はもちろん、中国の白酒の代表である。曲は、小麦粉に水を加え、保存曲を混ぜて団子状または円盤状にする。室で約25日で曲にする(一塊4キログラムぐらい)。高粱は、70%の粒状と30%の粉状を混ぜて蒸す。これに曲と前回の蒸留粕を加え甕に入れて発酵させる。蒸留液は甕で3年以上貯蔵する。

日本の焼酎

菅間誠之助（『見直される第三の酒』）によれば、日本の焼酎の初見は、鹿児島県大口市にある郡山八幡神社の永楽2年（1559）の改築の際の棟木板に書かれた落書きといわれている。

其時座主は大キナこすでをちやりて一度も焼酎ヲ不被下候何共めいわくな事哉

焼酎は日本にどのようにして伝わってきたのであろうか。『酒販ニュース』（日本酒造組合中央会、1015号）によると、次のように考えられている。

13世紀後半、二度にわたる元寇の折、元軍は前線基地であった済州島や兵站基地の安東に焼酎の製法を伝えていった。これが朝鮮の焼酎の始まりである。1404年に朝鮮の国王から対馬の領主に焼酎が送られているが、これが日本人が最初に飲んだ蒸留酒といえる。

1420年から琉球国はシャム国（タイ）と交易を始めた。南蛮の甕に詰められた蒸留酒が東シナ海を渡って那覇に送られた。そして1470年代に今の泡盛の前身である琉球の焼酎の製造が始まったらしい。

1478年、琉球国と薩摩との交易が始まり、琉球の焼酎や唐酒（白酒）などが薩摩半島の山川に陸揚げされた。焼酎の本土上陸である。この後に薩摩では米焼酎が造られ始めた。1546年にポルトガル人が山川に滞在していた時に米焼酎が飲まれているのを見ている。郡山八幡神社の落書きは13年後のことである。

菅間は阿剌吉酒の伝来に関連して、

南蛮焼酎阿剌吉酒が南より中国に伝来したという元時代の記録は中国とインド、東南アジアとの文化的結びつきを示唆する、

と述べている。

枝川公一は、『焼酎・東回り西回り』（玉村豊雄編著）の中で、蒸留酒の日本への伝来について東回りと西回りの2つの経路を示している。

1698年に伝えられた甘藷（かんしょ）の栽培が定着してからは米の代わりに蒸芋が使われるようになった。琉球の泡盛が伝わって以降、鹿児島、宮崎の芋焼酎、熊本の米焼酎、壱岐の麦焼酎へと伝播した。このように世界の東端日本に伝播してきた蒸留酒は焼酎という特徴ある酒になっている。それは後述する甲類焼酎の普及、そしてこれを使った酎ハイに代表される各種のカクテルへとつながってきている。

日本の酒税法では、発芽した穀類や果実を使わない点でウイスキーやブランデーと区別し、白樺炭を使わないこととエキス分が2％以下であることからウオッカやリキュール類と区別されている。

単式蒸留器を使用したものが乙類焼酎（本格焼酎）、連続式蒸留機を使用したものが甲類焼酎（新式焼酎）となる。

乙類焼酎（本格焼酎）　穀類をはじめ芋などを原料としているので種類が多い。共通点は、澱粉質が原料の場合、糖化剤として黴を利用していることである。照葉樹林文化圏の黴酒の一つである。黴は麹菌が使われるが、黒麹菌が主流であったが、変異株の白麹菌が多く使われるようになった。これらの菌のつくるクエン酸によって醪の酸度を高め、温暖地での醸造を安全にしている。

麹は、蒸米を約40℃に冷やし、麹室に入れた種付けをする。約45時間後、出麹となる。近代的な方法としては通気式の製麹機がある。

一次醪は、麹に水と種酵母加えて酒母をつくり、7日ぐらい経ってから使う。酸度は20～25ミリLで清酒の酛（もと）の3～4倍ある。

二次醪は、大型タンクに一次醪と麹、蒸した原料、水を加えて発酵をさせる。原料の違いにより特徴のある焼酎が生まれる。

熟成醪は、単式蒸留器で蒸留する。蒸留は、ウイスキーやブランデーと違って1回が普通で、留液は

35～42%のアルコール分となる。蒸留には、常圧と減圧があり、減圧の場合は酒質が淡麗になる。粕取りの場合は蒸籠(せいろう)の上に載せ(甑式)、生蒸気で蒸留する。再発酵の場合は普通の蒸留器を使用する。醪取り蒸留器は、銅の錫びきのものが多かったが、最近ではステンレスが普及している(ウイスキーやブランデーでは銅製のものが使われる。銅は蒸気中の硫黄化合物を捕捉することに効果がある)。

乙類焼酎の多様性

・米焼酎：球磨焼酎は熊本県が主産地である。泡盛は沖縄特産で、黒麹だけで造られる。南蛮甕で貯蔵した仕次法という独特の熟成法を用いた古酒(クース)もある。
・芋焼酎：主産地は鹿児島県で、ほかに宮崎県南部、伊豆七島がある。芋特有の甘い香りとほのかな甘さがあり、穀類のものよりも軽い。
・麦焼酎：長崎県壱岐の特産であったが、現在はそれ以外の場所でも造られている。麹を麦でつくるものもある。
・蕎焼酎：宮崎県高千穂、長野県で造られる。
・黒糖焼酎：奄美大島の特産で、砂糖黍からの黒糖を二次醪にかける。一次醪で米麹を使うところがラム酒と異なるところである。
・白糠焼酎：精米で生じる白糠を用いる。
・粕焼酎：清酒の搾り粕を使うが、蒸籠状の蒸留器を使用するものと、加水後再発酵、蒸留したものがある。前者の香味は強い。

甲類焼酎(新式焼酎)　原料は糖蜜または芋などの澱粉質である。最近ではほとんど廃糖蜜が使われているが、廃液の問題から海外から粗留アルコールを輸入し、再留している。
アルコール6%ぐらいの発酵液または薄めた粗留アルコールを連続蒸留機にかけ95%の純粋なアルコールとする。これはスコッチのグレーンウイスキーやアメリカンウイスキーと異なり、アルコール以外の成分を除去したものである。つまり、発酵アルコールの極限といえる。麻井宇介(『スピリッツの近現代』)は、酒の文明化と表現している。

酒税法では、加水後アルコール分36%以下を甲類焼酎としている(乙類の場合は45%以下)。市販品は、ほとんどが35、25、20%である。

メキシコのテキーラ

スペイン人が1500年代の初めにメキシコに蒸留法を導入する以前から、アステカの人たちはプルケ(Pulque)と呼ばれる酒を飲んでいた。プルケはメスカルという植物の発酵物である。メスカルはプルケを蒸留した酒の名前でもあるが、スペイン語ではマゲー(maguey)、一般にはアガヴェ(agave)と呼ばれる。植物学的分類は明確ではなく、イトラン属、アマリリス属、サンセヴィエリア属のものもあるといわれている。日本には存在しないが、竜舌蘭の一種という。400種もあり、ほとんどがメキシコ産である。

マゲーの汁が2~3日で発酵して酒(プルケ)になることは容易にわかっていたと思われる。マゲーの汁を採ることはイスキカトルという神が始めたといわれている。また、トルテック族の年代記には、パパツィンという貴族がマゲーの汁を採ることを発見して王に捧げたとある。

1775年にドン・ペドロ・サンチェス・デ・タグルが工場を設立して近代化に乗り出し、19世紀末にはプルケを蒸留したメスカルが全メキシコに普及した。1795年、ホセ・マリア・グァダルペ・デ・クエロがクエロ(Cuerro)を創り、1873年、ドン・セノビオ・サウサがテキーラサウサ(Tequila Sauza)を創り、今日に至っている。

テキーラはメスカルの良品である。その名の由来はハラスコ州テキーラの町の名からで、その周辺にはマゲーが栽培されている。

マゲーは普通樹齢8年で収穫し、葉を切り取りパイナップルに似た茎の部分(パイナップルの4～5倍はあり、大きいものでは70キログラムにも達する)を利用する。これを室(むろ)の中に詰め込んで一昼夜蒸す(近代的方法では加圧して蒸煮)。この間に茎に含まれている多糖類が分解して糖分になるらしい。三船敏郎主演のメキシコ映画(『価値ある男』)の中にテキーラ製造の場面があった。蒸した茎を縦に裂いて大桶に入れ、女性が中に入って足で踏んで甘い汁を採っていた。現在では圧搾機を使っている。発酵させると7～8％のアルコール分となり、これを単式蒸留器で2回蒸留する。これがテキーラである。普通は無色透明であるが、サボテンにつく蛆虫を入れたものや樽貯蔵して淡黄色をしたものもある。

伝播型蒸留酒

ウイスキー

現在、ウイスキーは多くの国で製造されている。スコットランド、アイルランド、アメリカ、カナダ、日本が代表的な生産国で、そのほかにドイツ、デンマーク、イタリア、スペイン、ブルガリア、アルゼンチンなどで少量造られている。

基本的なタイプとしては、アイリッシュ、スコッチ、アメリカン、カナディアンの4つである。米国の酒税法にはジャパニーズウイスキーの名がある。


アイリッシュウイスキー(Irish Whiskey)　ウイスキーの原型ともいうウシュクベーハー(Usige-beatha)が造られたのは、アイルランドかスコットランドかは明らかではない。1172年にヘンリー二世がアイルランドに侵攻した際、スピリッツを蒸留する技術があったと伝えていることから、アイルランドが先行していたとみる説が有力である。しかし、この2つの近接した地域が没交渉であったはずはなく、両者がともにウシュクベーハーを持っていたというのも説得力がある。

ウイスキー史家であるエーニァス・マクドナルドとネイル・ガンは、ラテン語の Aqua–vitae はケール語の Usige–beatha からの直訳であるとして、後者の方が古いとしている。この語は後に Usgue–baugh となる。日本ではウシュクベーハーとかウスケボーと呼んでいるが、ゲール語の Usige–beatha の発音は oohku–bey–a、つまりウークベイアである。Usige は Usky となり、Whisky に転じた。いずれも意味としては生命の水、water of life、eau–de–vie であり、同意である aqua–vitae とも混用されるようになった。

ともあれ、12世紀にアイルランドで始まったウイスキーの蒸留は、スコットランドに伝えられ、ここでスコッチウイスキーとして大いに発展した。一方、アイルランドでもアイリッシュウイスキーとして大量に造られていた時期があった。

アイルランドで造られるウイスキーで、綴りは通常kとyの間にeが入る。ウイスキーの原型ともいうべきもので、12世紀には既に造られていたといわれている。16世紀が最盛期で、蒸留所は1000箇所以上もあったが、酒税と蒸留釜の大きさの規制などにより100箇所以下に減った。さらにスコッチウイスキーの伸張とアメリカの禁酒法などの影響を受けて、1921年には10箇所となり、1966年には、ジェイムソン(Jameson)、パワー(Power)、ミドルトン(Midleton)、タラモア(Taramore)、ブッシュミル(Bushmill)の5箇所の蒸留所となった。後に前4箇所が合併して Irish Distiller となり、1972年には残りの1箇所も併合され、フランスのペルー(Pernod)社のものとなった。最近、アイルランド政府の方針でクーリー(Cooley)という蒸留所が設立された。

本来のアイリッシュウイスキーは、ピート香をつけない麦芽で、未発芽の大麦、小麦、ライ麦を糖化、発酵させ、巨大なポット蒸留器で3回蒸留し、3年以上樽熟成させたものである。ほかに玉蜀黍を使ったグレンウイスキーもある。

首都ダブリンの税務官吏であったエーニャス・カフェ（A.Coffey）が発明した連続蒸留機がいち早くスコットランドで使用され、グレンウイスキーがブレンドされるようになった。これがスコッチウイスキーの伸張につながった。一方、アイルランドではポットスチルウイスキーに固執したため時流に乗り遅れることとなった。

スコッチウイスキー(Scotch Whisky)　スコッチウイスキーは、古くは大麦麦芽のみから造っていた（モルトウイスキー）が、19世紀後半よりグレンウイスキーが生産され、両者のブレンドされたものが量的に多くなった。グレンウイスキーは、麦芽で玉蜀黍を糖化し、発酵後、カフェスチルで蒸留する。玉蜀黍は、英国ではメイズ(maize)、米国ではコーン(corn)という。

スコッチウイスキーの特徴は、スコットランドで蒸留されたもので、次の3つの条件が必要である。

・大麦麦芽を乾燥時にピートを無煙炭の上に載せ燻煙するその煙香（スモーキーフレーバー）が麦芽に吸引され、これがウイスキーに移行する。

・蒸留にはポットスチルが使われる。蒸留は2～3回行う。現在は粗留釜と再留釜とを使い分けている。再留液のアルコールは約65％とする。

・樽熟成を3年以上行う。普通は7～12年である。

スコッチウイスキーの造り方

①　モルトウイスキー　原料大麦の品種は、以前はゴールデンメロン種が多かったが、現在はゴールデン・プリムスやトライアムプなどが使われる。カナダからの輸入品が使われることもある。

休眠した大麦を水に浸漬する(steeping)。2～3日で発芽が始まる。これを床に30センチメートルの厚さに広げる。時々混ぜて7～14日間で終わる（近代的方法にはドラム式やワンデルホーフェン式などがある)。麦芽になると、根は穀粒の半分ぐらいに成長し、芽は穀粒の中で1／3ぐらいに伸びている。胚乳は柔らかくなり、一部の澱粉は糖分に変わる。根は脱根する。

麦芽を乾燥塔(kiln)に運び込む。乾燥塔の頂上は空気抜きで、独特のパゴダ(pagoda)状の屋根があり、蒸留所の目印になった。近年は専門の麦芽工場ができ、ここから購入することが多くなり蒸留所の乾燥塔は使われないことが多い。麦芽の乾燥温度は徐々に上げて70℃を超えない(ビール麦芽の場合は用途によりいろいろである)。

18世紀までは燃料としてピート(peat)を使っていた。ピートはヒース(heath)あるいはヘザー(heather)と呼ばれる植物が長年にわたり地中で炭化・泥炭となったもので、煉瓦状に掘り出して乾かして使う。近時はコークスになったが、スコッチウイスキーの特徴となるピート香を付けるため注文によってピートの量を変える。

蒸留所には大きなホッパー(hopper)があって、麦芽はここに蓄えられる。麦芽は使用時に独特な粉砕器で砕く。ある程度穀皮が粗挽きになるようにして、糖化後、スリットのある円板(ロイター)で濾過する。粉砕麦芽は、糖化タンク(mash tan)に湯(57～62℃)とともに入れ、撹拌、糖化する。数時間後ロイターで濾過して1回目の糖化液をつくる。残りに再び湯(72～76℃)を加えて撹拌、糖化する。それを濾過して2回目の糖化液をつくる。1回目と2回目の糖化液を合一して発酵タンクに入れ、20℃に冷却する。

酵母はビール用とアルコール用の2種が使われる。初めは通気して酵母の生育を助ける。約70時間で発酵は終わる。アルコールは6％内外である。発酵液はウオッシュ(wash)と呼ばれる。蒸留器には2種あって、まず粗留釜(wash still)にかけると、アルコール20％ぐらいの粗留液(low wine)が得られる。これを再留釜でゆっくり蒸留して初留(fore shot)、中留(clean)、後留(feint)に分ける。中留部分がウイスキーになる。他の部分は次回の蒸留の際に加える。

ウイスキー部分は樽に詰めて熟成期に入る。樽はアメリカンオークが多く、バーボンの空き樽も使われる。最も良いのはシェリー(オロロソ)の空き樽である。

モルトウイスキーとして製品化するには、樽熟成したものを数多く混ぜ合わせ、目標の品質にする。これをヴァッティング(vatting)という。同一蒸留所のものだけの場合はシングルモルトウイスキーとして表示できる。他の蒸留所のものが混ぜられた場合は単にモルトウイスキーと表示する。年数は一番若いモルトの年数が表示される。

次に蒸留所の分布を見てみる。

グラスゴー市の西部グリーノッホ(Greenock)とダンディー(Dundee)を結ぶ線をハイランドラインと呼び、この線より北をハイランド(Highland)、南をローランド(Lowland)という。蒸留所は、ハイランド、ローランド、アイラ(Isla)、そしてキャンベルタウン(Campbelltown)に分布する。後の2つは島と半島である。数としてはハイランドが圧倒的に多い。1975年にはハイランド95、ローランド11、アイラ8、キャンベルタウン2であった。

ハイランドモルトの中でもスペイ川周辺には有名なものが多い。これらをスペイサイドモルツ(Speyside malts)というが、ほかにもノーザンモルツ(Northern malts)、アイランドモルツ(Island malts)、イースタンモルツ(Eastern malts)、パースシャイアモルツ(Perthshire malts)がある。

スペイサイドモルツでグレンリヴェト(Glenlivet)を名乗れる蒸留所は23箇所あるが、このうちザ・グレンリヴェット(The Glenlivet)以外は蒸留所名を列記する。例えば、マッカラン・グレンリヴェット(Macallan-Glenlivet)のようにする。

福西英三(『ウイスキー百科』)によると、ハイランドモルトはピートの香りが爽やかで、しかもそれが決して過度についていないこと、そしてデリケートでまろやかな風味がある。ローランドはハイランドモルトをソフトにした感じで、ピート香も薄い。アイラモルトは強いピート香を持ち、アクが強い。キャンベルタウンモルトはヘビータイプだが、アイラモルトほど個性が強くない。

② グレンウイスキー　メイズ（玉蜀黍）とバーレイ（大麦）とから造る。メイズは細粉とし、蒸気で糊化し、約15%の麦芽と無機酸を加え糖化する。濾過してから冷却し、発酵槽に移して酵母を加えて発酵させる（アメリカンウイスキーの場合は濾過しない）。これをカフェスチルで精留する。アルコール65%内外で、樽熟成させる。

③ ブレンデッドウイスキー　モルトウイスキーにグレンウイスキーをブレンドしたものである。専業のブレンダーが多くのモルトウイキーとグレンウイスキーを購買して独特のものに仕上げる。ブレンド率は平均で6：4という。

ブレンダーは55社あり、ブキャナン［Buchanan（Black ＆ White）］、デュアー［Dewar（White Label）］、ヘイグ［Haig（Haig）］、ウォーカー［Walker（Johnnie Walker）］、マッキー［Macky（White Horse）］がビック5である。

アメリカンウイスキー　アメリカの西部開拓時代にはアルコール飲料の不足からいかがわしい飲み物が出回った。中には人命に関わるものまであった。

アメリカのウイスキーは18世紀初頭に始まったといわれている。だが、ラムの蒸留はそれよりも1世紀も前に始まっていた。

開拓地が西部に広がり、東部の穀類（コーンとライ麦）を西部に運ぶのは困難であることから、ウイスキーにした。これは長期保存もできて、輸送も楽であった。さらに、ウイスキーは毛皮との最も良い交換物であった。こうしてウイスキーは制約もなく蒸留されていた。

1791年、政府は財政上の必要からウイスキーに課税することとした。これに対して蒸留者の反対が高まり、暴動も起きる事態に発展した。ワシントン大統領は急遽軍隊を派遣し、流血なしに一応暴動を鎮圧することができた。

しかし、オランダ、スコットランド、アイルランド出身の蒸留者たちは徴税者の手の届かない所へと移動を始めた。まさにスコッチウイスキーの歴史の始まりであった。彼らは西に進み、先住民の居留地域へ侵入することとなった。ついに南インディアナやケンタッキーで蒸留に必要な水を発見した。この水は、西ペンシルバニアに沿って、そして南インディアナを通ってケンタッキーに至る石炭層で濾過されたもので、事実、仕込み水としても適していた。

その後、ウイスキー製造は課税下で合法となった。第16代大統領リンカーンのケンタッキーの実家もウイスキー製造のライセンスを持っていた。

アメリカンウイスキーの代表であるバーボンウイスキーは、ケンタッキーのバーボン(Bourbon)郡のジョージタウン(Georgetown)でレバーレンド・E・クレイグ(Reverrend E. Craig)によって造られた。初めはコーン(メイズ)が使われた。それがバーボン郡ウイスキーとして知られるようになり、バーボンの名が残ることになった。

現在、バーボンウイスキーの表示規制は、コーンを51%以上使用し、アルコール80%以下で留出させ(蒸留は連続式)、内面を焦がした新樽で2年以上貯蔵し、瓶詰め品はアルコール40%以上とすることとなっている[製造場所はケンタッキーでなくてもよい。また蒸留廃液の一部を次の醪に加えるサワーマッシュ(sour mash)は省略してもよい]。焦がした樽を使い出したのは、1789年にクレイグが樽板を誤って焦がしてしまい、やむなくこの焦げ板で樽をつくりウイスキーを詰めたところ、これまでのものより優れたものができたことがわかったのがきっかけといわれている(焦げ樽は樽成分の溶出が早く、着色も良い)。樽の使用は1回限りと決められている。使われた樽は、スコッチウイスキーやカナディアンウイスキーの貯蔵にも使われる。

ジャックダニエル(Jack Daniel)はバーボンではなく、テネシーウイスキー(Tennesy whiskey)である。これは蒸留液を活性炭処理してから樽貯蔵する。

アメリカンウイスキーには、コーンウイスキー(corn whiskey)、ライウイスキー(rye whiskey)のような原料表示のほかに、ストレートウイスキー(straight whiskey)、ブレンデッドウイスキー(blended whiskey)がある。

カナディアンウイスキー

カナダでの初めての蒸留は、18世紀前に溯るといわれている。1769年にケベック(Quebec)で商業規模の蒸留が行われた。1832年にグッデルハム(Gooderham)らが現在のトロント(Tronto)に蒸留所を創設し、これがカナダで最も古い蒸留所とされている。

19世紀末にハイラム・ウォーカー(Hiram Walker)がカナディアンクラブ(Canadian Club)というカナディアンウイスキーを造り、たちまち世界中にシェアを獲得した。また、1857年にオンタリオ(Ontario)でJ・E・シーグラム(J.E.Seagram)が蒸留を始め、シーグラムV・Oを造った。

カナディアンウイスキーはライウイスキーといえる。ほかに少量の小麦と大麦麦芽が使われる。初期にはポットスチルで造られていたが、現在は連続式蒸留機の使用が多い。

ライ麦から香りの高いフレーバリングウイスキー(Flavoring Whisky)、コーンから軽いベースウイスキー(Base Whisky)を造り、両者をブレンドする。ウイスキーの中では最も香気成分が少なく、軽い。

樽で3年以上熟成させる。樽はバーボンの樽が使われる。

スコッチウイスキー小史

まず、政治経済的背景について触れることにする。

英国史によれば、イングランド、スコットランド、アイルランド、ウェールズは1798年にグレートブリテンおよび北アイルランド連合王国が設立されるまでには多くの軋轢があった。ウイスキーの歴史もそれにより大きな影響を受けた。

15世紀末、スコットランドではアクアヴィテは医薬用として造られていた。スコットランド王ジェームス四世時代の1494年の財政文書に修道士ジョン・コーに対しアクアヴィテを造るため8ボル(約2

35L)分の麦芽を渡したとある。これがアクアヴィテ、つまりウイスキーの最古の文献である。そのことからこの年がスコッチウイスキー元年とされている。

エジンバラの薬局組合は、1505年にアクアヴィテの製造独占権を得ている。これからもわかるように当時は酒というよりも薬という認識であった。

ジェームス六世(1567~1625)は、後にジェームス一世としてイングランドとスコットランドの共通の王にとなったが、この頃にはウイスキー造りは盛んになっていて、イングランドでも蒸留が行われ、スコットランドではハイランドとローランドとの交流があり、アイルランドへアクアヴィテが輸出されていたとある。

次にウイスキー造りと徴税との争いに触れることにする。

1707年、イングランドとスコットランドは合併され、酒税は課せられたが、イングランド側はスコットランド側に1ガロンにつき9シリング6ペンスの輸入税を課した。この課税を契機としてスコッチウイスキーの密造と密輸が盛んとなり、徴税側との飽くなき闘いが始まった。皮肉なことにこれがスコッチウイスキー隆盛の促進剤となった。

1713年に麦芽税が課せられ、1725年には増税されたためグラスゴーでは暴動が起きている。麦芽税はビールにも影響を与え、エール[ビール(ale beer)]の消費が減って自家製のスピリッツが増加した。

1750年代はウイスキーの生産量が増加し(約50万ガロン)、大半はスコットランドで消費されていたが、1756年の穀物の大凶作のため4年間すべての蒸留が禁止された。しかし、自家消費用は許されていたので密造を促進することになり、蒸留再開の1760年代には密造が約50万ガロンとなり、合法的生産量の10倍にも達した。1779年には密造蒸留器の数は400基以上もあった。

アクアヴィテの蒸留はイングランドでも盛んに行われるようになった。ところが、1784年頃にスコットランドにおいて非食用穀物が大量に輸入され、これで生産したアクアヴィテをイングランドに輸出したため、イングランドの業者が政府に圧力をかけた。その結果、発酵醪に課税することとなり、イングランドの輸入量は30分の1にまで激減した。

1788には蒸留器税は3倍に、1793年にはフランス革命のための軍事費としてさらに3倍に、そして1795年には6倍の54ポンド(ガロン当り)になった。このため多くの蒸留業者は倒産した。この時のウイスキー価格の中に占める税金は90%にもなった。

1814年、イングランドの酒税法がスコットランドにも適用され、蒸留器税が廃止され、代わって麦芽税となった。さらに蒸留器の最小容量は、ハイランドでは500ガロン、ローランドでは2000ガロンとし、小さな蒸留所を抑制した。

ローランドではイングランドへの輸出増大に伴って正規の蒸留業者が増える一方、密造も9万ガロンに達した。そのため蒸留器の最少容量を一気に40ガロンにまで引き下げ、麦芽税も3分の1にまで減税した。それにもかかわらず密造は減ることはなく、ついに1822年に密造取締法を制定し、違反者に重罰を科すようにした。それと同時に麦芽税を2分の1にした。その結果、正規の蒸留業者は263に増加した。

密造は犯罪であるが、ウイスキー密造の内側を覗いてみよう。

スコッチウイスキーの歴史書を読むと、「密造と密輸」(Illicit と Smuggler)という言葉が随所に出てくる。その著者たちが気持ちの中で密造業者の肩を持っているということも感じとれる。それだけ歴史の中での生々しいエピソードであるということであろう。

ウイスキー造りは、農家の副業として長い慣習の中で行われてきた。一方、法治国家では密造が犯罪として糾弾されるのも当然である。しかし、突如として軍事費調達のために一方的に課税され、それを忌避すると密造というレッテルを貼られるという状況下では、抗議と不満が巻き起こっても何ら不思議ではない。

政府側のゴージャー（税務検量官）と密造者との抗争の中には銃弾で争うということもあった。そして、やがて密造者たちは辺境の地へと追いやられることとなった。ハイランドのスペイ川周辺の丘陵はヒースが一面に繁茂し、季節によって緑から紫に変わる。冬は荒涼となるが、厳寒ではない。川には鮭が溯る。密造者たちは蒸留器を担いで谷間の小川を求めて辿り着いたに違いない。この地が現在のスコッチウイスキーの主産地となっている。

ハイランドには、小川と、燃料としてのピートが地面を1メートルも掘れば至る所にあった。水は、麦の発芽、もろみ仕込み、さらに蒸留時の冷却用に不可欠である。燃料のピートによる燻煙がスコッチウイスキーの特徴であるスモーキーフレーバーになったことは何とも皮肉である。

最後に近代産業としてのウイスキー製造を見てみることにする。

１８２４年、グレンリヴェットの農民出身のジョージ・スミス（Geoge Smith）は、合法的蒸留業者として最初の免許を取得した。これをきっかけに密造は衰微し、近代的ウイスキー産業が始まった。

１８２７年、ロバート・スタインは連続式蒸留機を発明し（パテントスチルという）、カークリストン・カメロングリッジジ蒸留所に設置し大量のスピリッツを造った。１８３０年にはアイルランドのダブリンのエーニャス・カフェが別の形式の連続式箱型蒸留機を発明した（カフェスチル）。これらの蒸留機を用いた製品は、初めはウイスキーではなく、ロンドン向けのジン用スピリッツであった。その原料は、大麦、小麦、ライ麦、オート麦、砂糖、糖蜜などの安い原料が利用できるので経済的であった。

やがてローランドにも連続式蒸留機が設置され、当然の結果、スピリッツは生産過剰になった。そこで生産調整を目的として蒸留業者の合併が行われ、ＤＣＬ（Distillers Company Limited）が設立された。

１８６０年以降、これらのスピリッツがモルトウイスキーの領域に浸透する大問題が発生することになる。これはハイランドの業者たちが長年にわたるゴージャーとの闘い中で育ててきたモルトウイスキーに対する頑固なまでの保守性と、ローランドやイングランドの業者たちの新しいものへの順応性の対立による衝突であり、深刻な事態であった。

このことはウイスキー定義論争となり、かなりの年月を費やした後、ついに１８８０年に王室委員会は連続式蒸留機によるスピリッツもウイスキーであるとの結論を出した。かくして両者の混合によるブレンデッドウイスキーの誕生となる。

デュアーはブレンデッドウイスキーの創始者といわれるが、スモーキー香味を嫌う人たちに合う軽いウイスキーの普及を図った。この間、ＤＣＬが蒸留業者の買収により巨大な組織になる一方、ウイスキー商とブレンダーも台頭してきた。これらのうち、ブキャナン、デュアー、ヘイグ、ウォーカー、マッキーがビック5といわれ、大都市に進出して販路を拡張していった。

ちょうどこの頃、ヨーロッパに蔓延した害虫フィロキセラが葡萄園を壊滅させた。そのためワインやブランデーの生産が激減した。このことがスコッチウイスキーの需要拡大に拍車をかけ、ウイスキーは世界的な飲み物になったのである。

第二次世界大戦は英国本土に直接影響を与え、ウイスキー産業は危機に陥った。しかし、ドイツの爆撃を逃れたウイスキーは、輸出により戦後の英国経済の立直しに貢献したといわれている。その後、米国のスコッチウイスキー消費の増大、さらには日本などへのバルクウイスキー輸出をはじめ、諸外国の販売は華々しかった。この好景気は１９７８年まで続いたが、１９８０年代にはいると、大きな試練に直面することとなった。米国での消費停滞、労働問題のため１３０以上あった蒸留所は、資金繰りがつかずに休止する所が続出した。国際資本系列による再編成があったり、ＤＣＬがギネスに買収されたりした。現在は安定期に入りつつあるといえる。

日本のウイスキー　１８５９年に横浜が開港され、各種の洋酒類が在留外国人の消費用のほかに日本人向けのものが輸入されるようになった。スコッチウイスキーがカルノー商会によって輸入されたという記録がある。

ビールとワインは明治初頭から日本でも製造されるようになったが、ウイスキーの製造は大正になるまでされることはなかった。ビールの製造が早々と始まった理由としては、明治政府の富国強兵のための殖産政策にワインとビールが採用されたこと、コープランドはじめ外国人がビール醸造をしたこと、ドイツに留学した日本人たちが製造に関与したことなどがあげられよう。ワインも欧米に留学して葡萄栽培と醸造を学んだ人たちが関与したが、ビールのようには進展しなかった。

1877年、大阪の薬酒問屋小西儀助が各種洋酒類の製造販売を始めた。しかし、それらは模造のものであった。模造洋酒製造には多くのメーカーが参画したが、1899年のアルコール輸入税の増税が契機となり、2年後には国内メーカーに対しても酒税法が公布され、小メーカーは淘汰されることとなった。一方、アルコール国産化が台湾における製糖に伴う廃糖蜜を利用できることから実現し、蒸留機の導入とともにアルコール製造者が台頭し、やがて模造洋酒もそちらに掌握されることとなった。

日英同盟のこともあり、スコッチウイスキーの輸入が増加した。このことは後の日本のウイスキーがスコッチタイプとなることと関連するといえる。

第一次世界大戦の経済的変動期を経て、本格的ウイスキーの国産化の気運が興った。1923年、壽屋(現サントリー)の創始者鳥井信治郎が山崎でモルトウイスキーの製造を始めた。竹鶴政孝は単独スコットランドでウイスキー製造を取得し、帰国後、壽屋に入った。その後独立し、北海道余市にウイスキー工場を設立し、ニッカウヰスキーを創った。同じ頃(1924年)、中村豊雄が東京醸造㈱を藤沢に設立し、半模造のトミーというウイスキーを市販していた。これでサントリー、ニッカ、トミーの3銘柄が揃ったことになる。

第二次大戦後の混乱期には日本のウイスキーは再び模造に近くなった。酒税法で日本独特の級別制度が施行され、原酒混和率5%の二級ウイスキーが伸張した。この間、東京醸造が倒産し、オーシャンウイスキーが台頭した。級別は、原酒混和率とアルコール度数との両面から規制された。特級、一級、二級と称し、累進課税であった。この間、アルコール製造会社などが参入し、ウイスキーメーカー数は2桁に達した。また、地酒に倣い地ウイスキーが話題となり、多くの銘柄が出現したが、一時的ブームに終わった。大手メーカーは、グレンアルコールの製造による本格ブレンデッドウイスキーやピュアモルトの製品化を図ってきた。

現在、ウイスキー業界は、酒類の級別制度が廃止されたことと、消費者の嗜好の波の中で新しい局面に入っているといえる。

ブランデー

13世紀のスペインの錬金術師レイモンド・リュル(Reimondo Lulle)は赤ワインからのブランデーの処方を書いている。そして、同時代のアルノー・ド・ヴィルヌーヴ(Arnaud de Villeneuve)はブランデーの祖といわれている。アルノーはスペイン人で、アルナルダス・デ・ヴィヤノヴァが本名で、若い時にドミニカ人から教育を受けて、アラブ医学を学んだといわれる。1310年頃、『AQUA VINE』を書き、ブランデーをAqua vitaeと名づけ、さらにアルコールの殺菌力についても初めて記録した。

ブランデーは果実ブランデー(fruit brandy)の総称となっているが、単にブランデー(brandy)という場合はグレープブランデー(grape brandy)を意味する。ほかにはアップルブランデー(apple brandy)、チェリーブランデー(cherry brandy)などがある。グレープブランデーはワインの産地であれば造られているが、フランスのコニャック(Cognac)とアルマニャック(Armagnac)が有名である。

アルマニャック

1411年にはアルマニャック地方でオー・ド・ヴィー(eau-de-vie du vin)(命の水)が造られていたといわれている。これは錬金術師がスペインからピレネー山脈を越えて造り方を伝えたものと考えられている。

アルマニャックは、フランス南西部のジェール、ロッテガロンヌ、ランドの3つの県にまたがるガスコーニュ地方で造られる。

１９３６年より原産地呼称統制法(ＡＯＣ)で規制を受け、アルマニャックを名乗れる葡萄栽培地域は、オータルマニャク(Haut-Armagnac)、テナルズ(Tenareze)、バザアルマニャク(Bas Armagnac)の３つである。現在はオータルマニャクではほとんど造られていない。

土壌は、砂質、粘土質、石灰質である。葡萄品種は、フォールブランシュ(Folle blanche)、サンテミリヨン(St.Emilion)、コロンバル(Colombard)が主である。これらから造られた白ワインは、アルコール８%内外で、従来はアルマニャック型連続式蒸留器(１４３頁参照)で１回蒸留を行っていたが、１９７１年以来、シャラント(Charente)型蒸留器が認められた。アルコールは、アルマニャック型で５２～５６%、シャラント型で約７０%である。

熟成はガスコーニュ産の４００Ｌの樽で行う。

ラベル表示には3つ星(1年以上貯蔵)、ＶＯ、ＶＳＯＰ(最低4年)、エクストラ(Extra)、ナポレオン(Napoleon)(5年以上貯蔵)などがある。

コニャック　コニャック(Cognac)産地はフランス南西部のワインで有名なボルドーからジロンド川沿いに北へ列車で2時間ほどにあるシャラント(Charente)とシャラントマルチム(Charente Martime)の両県にまたがっている。コニャック市を中心とした周辺の地域をグランドシャンパーニュ(Grande Champagne)、その周辺をプチトシャンパーニュ(Petite Champagne)とした。この2地区以外はボルデリ(Borderie)、ファンボア(Fin Bois)、ボンボア(Bon Bois)、ボァコンミュン(Boi Communs)とに区別されている。この地方の土壌は、独特な白亜質で、中心部ほど白亜質が多く、コニャックの品質は良い。

コニャックの語源は明らかでないが、18世紀に世界的に有名になった頃でもCoignac、Cogniacと綴られていた。

コニャック地方をローマの北にあるカムパニアに似た景観を表すためシャンパーニュ(Champagne)という言葉を使っていた。ところが、ランス(Reims)の周辺地域も同じChampagneを使い、さらにブランド名としてしまった。そのためコニャックは産地名としてChampagneを残すことにした。

コニャック小史　『COGNAC』(N. Faith、藤綾子訳)と『Cognac』(Ray Antler)を参考にして簡単にコニャックの歴史に述べてみる。

14世紀までにワインの蒸留技術は大いに進歩した。1358年にオルトラウスはワインの蒸留とアルコールの製法について詳しく述べている。だが、蒸留が古くから知られていたにもかかわらず、実際に商業的な蒸留が行われるようになったのは16世紀になってからである。

1570年代にスペインから解放されたオランダは、ヨーロッパの貿易を支配していた。シャラント地方のワインは、アルコール度が低く、かつ酸度が高いため低品質で、安価で買い付けられ、オランダの蒸留所で蒸留されていた。これをブランドヴァイン(Brandweijn)といい、これがドイツ語のBranntweinとなり、さらに英語のbrandyとなった。フランスではオー・ド・ヴィー(eau-de-vie)(命の水)という。

やがて、フランスは蒸留技術や設備について学び、スエーデンから銅を輸入して蒸留器を造った。つまり、フランス独自のオー・ド・ヴィーを造り、輸出するようになった。1517年にボルドーから船積みされたという記録がある。1570年頃から輸出港はラ・ロシェル(La Rochelle)となった。

蒸留にはいくつかの問題点があったが、17世紀末にはほとんど解決できていたという。つまり、2回蒸留を行うことが品質の確立につながるということがわかっていた。既に1770年代のコニャック用の白ワインは、薄く、酸味の強いものと理解されていた。

課税は以前からされていたが、18世紀にはコニャック造りの関係者すべてに課税された。最も打撃を受けたのは小作農民であった。1789年の革命により一時無税になったが、結局はコニャックは内国税と輸出税がかけられた。また、アルコールの度数によって税額が変わった。これらのことが密輸や紛(まが)い物を生み出した。

シッパー(出荷主)たちへの革命の影響は少なく、マーテル(Martell)やヘネシー(Hennesy)は仲買人からロンドンへの直接販売のシッパーになった。老舗のデラマン(Delamain)は時流に乗れず、オタール・デュプュイ(Otard-Dupuy)は新たに参入に成功した。1794年には米国への販売が始められた。ヘネシー、マーテル、オタールのビック3ができた。ここに新たにラベルジュ(Laberge)、トーマスヒーヌ(Thomas Hine)が台頭した。マーテル家とヘネシー家、オージエリ(Augieri)家とマーテル家との婚姻関係もあった。

1786年の自由貿易条約により英国への貿易は増加を続け、1820年代には10万キロLになった。当時、葡萄農家は1500ぐらいで、小さな蒸留器で蒸留を行っていた。この規模のやり方がコニャックの品質を保つための伝統とされていた。蒸留器を持たない農家には蒸留器を積んだ馬車が回って1回目の蒸留液を集めていた。

ピエール・A・サリニャック(Pierre A. Salignac)は数百の葡萄農家を連合してコニャック用ワイン業組合をつくった。これはビック3に対抗するためで、やがてサリニャック(Salignac)のラベルが出現した。後にモネ(Monnet)に引き継がれた。

1850~1860年はナポレオン三世の統治下で、コニャックはボルドーとともに恩恵を受けた。この頃、従来ロンドンの業者が行っていた瓶詰めをコニャックで行い、自らのブランド名を付けて輸出するようになった。やがて、熟成期間を星の数で表示するようにした。

しかし、良いことばかりでなく、コニャックもボルドーもウドンコ病の被害、さらにフィロキセラによる壊滅的な被害も被ることになった。1920年にはこれらの被害により29万ヘクタールあった葡萄畑が5・4万ヘクタールにまで激減した。他の地区で行われたフィロキセラに強いアメリカ葡萄の台木の移入はコニャックでは10年遅れた。

20世紀に入る頃には、熟成表示にVO、VSOP、WOP、エクストラ(Extra)などが使われるようになった。また、Grande(Grande のみ)、Fine Champagne(Grande 50%以上と Petite をブレンド)も新たに表示できることにした。

現在、コニャック商は200以上あるが、日本で見られる主なものは次のようなものである。

オージェル(Augier)　ビスキ(Bisquit)　カミュ(Camus)　クルヴォアジェ(Courvoisier)
デラマン(Delamain)　フラパン(Frapin)　ハーディ(Hardy)　ヘネシー(Hennesy)
ヒーヌ(Hine)　マーテル(Martell)　モネ(Monnet)　オタール(Otard)
レミーマルタン(Rémy Martin)　サリニャック(Salignac)

コニャックの製造方法を簡単に述べる。前に述べたようにコニャックは、葡萄品種、生産地域、製造法がいち早く原産地呼称統制法で保護された。

コニャック用の葡萄生産地は6つの地域に分けられているが、1936年に葡萄品種はフォールブランシュ(*Folle blanche*)、サンテミリオン(st. *Emillon*)[ユニブラン(*Ugni blanc*)ともいう]、コロンバル(*Colombard*)、そのほかの5品種は10%までとした。

ワインは通常の白ワインを造るのと同様であるが、亜硫酸はバクテリアの繁殖を防ぐ程度の使用で、必要以上使用すると、蒸留液中に留出してくるので良くない。ブドウ糖分は16%ぐらいで低い。したがって、ワインのアルコールは7～8%である。酸度は1・5%内外あり、普通のワインより多い。蒸留は翌年の春までには終える。

現在、蒸留はシャラント型蒸留器で2回行う。1回目の蒸留でアルコールは25%内外となり、2回目の蒸留で70%となるように後留分をカットする。はじめのワインの7分の1ぐらいの容量となる。蒸留器の形状は時代とともに変化してきたが、1回目の蒸留器には次に蒸留されるワインの予熱缶がついている。また、2回目の蒸留器の容量は30キロLまでと決められている。

蒸留液はリムーザン(Limousin)あるいはトロンセ(Tronçais)の樫材の樽で熟成させる。リムーザン材はタンニン質が多く、コニャックの品質に影響を持つ。

熟成期間については次のようなコント数で規定されている。

コント100:蒸留開始から翌年3月末

コント0:4月1日から翌年3月末

コント1:次の年の3月末まで

コント2~6:1年ずつ追加。72ヶ月を超えるものはコント6と表示。

コニャックといえるのは、コント2以上となっている。

果実ブランデー

いろいろな原料が使われるが、その土地でとれる原料を利用したもので、蒸留技術の伝来後、早い時期に造られたものであろう。

アップルブランデー　林檎酒(シードル)を蒸留したもので、フランス語でオー・ド・ヴィー・ド・シードル(eau-de-vie de cidre)である。ノルマンディー産で規制されているものをカルヴァドス(Calvados)という。17世紀初め、スペインの無敵艦隊がイギリス攻めに失敗した際、そのうちの1隻がノルマンディー海岸の暗礁に座礁した。その船の名がカルヴァドスであった。このことからその暗礁をカルヴァドスと名づけ、後にアップルブランデーの名称になったといわれている。

現在、カルヴァドスは11地区で造られ、そのうち2地区が原産地呼称統制法で規制されている。高品質のものはル・カルヴァドス・パイ・ドージュ(Le Calvados Pays d'Auge)で、オージュ産の林檎から造ったものである。

原料の林檎は小粒で、酸が多く、またタンニンも多くて渋く、そのままで食用とならない。林檎を潰砕または磨砕し、圧搾して得た果汁を発酵させて、現在ではシャラント型蒸留器で2回蒸留する。樫樽で熟成させる。日本に輸入されている銘柄には、ブラーモンゴメリー、ビュネル、ペール・マグロワル、バロン・ランドルフ、カルヴァ・ドージェなどがある。

米国のニュージャージー州などでは林檎の栽培が盛んで、ブランデーも造られている。アップルジャックという。

チェリーブランデー　桜桃(サクランボ)を原料とするものであるが、その蒸留液にさらに桜桃を漬け込んだリキュールタイプのものもある(赤くて甘い)。

ドイツ、スイスではキルシュ(Kirschwasser)という。樽詰めをしないので、無色が多い。原料の桜桃は野生種で、小粒で農紫色である。一部の核を潰して果汁と一緒に発酵させ、ポットスチルで2回蒸留する。最も有名なのは、ドイツのシュヴァルツバルト(黒い森)産の原料を使ったものである。

ユーゴスラビアのダルマチア地方に産する小粒の黒いサクランボをマラスカといい、これから造った蒸留酒をマラスキーノ(Maraschino)という。

洋梨ブランデー　いわゆるペアーを原料とした香りの高い無色のブランデーである。ポワール・ウイリアム(Poire Williams)が有名である。

その他のブランデー　漿果類(ベリーとカラント)を使ったもの、ピーチ・ツリー(オランダのデカイパー社)、スモモ(ミラベル)、杏やプラム類を使ったものなどがある。柑橘類を利用したものもあるが、リキュールタイプが多い。

ヨーロッパのスピリッツ

ウオッカ　ポーランドとロシアでは、ウオッカが8世紀には知られていたといわれ、12世紀には薬用として蒸留されたという記録がある。これは純粋なアルコールに近いが、白樺の炭の層を通すので、ほのかに炭の香りがある。野草「ズブロッカ草（バイソングラス）」入りのものをズブロッカ（Zubrovka）という。ズブロッカはズブラという野牛の常食草である。

アクアヴィット　スペインのアルノー・ド・ヴィルヌーヴは、初めて手にした蒸留アルコールをアクアヴィテ（生命の水）と名づけたが、そのままの名のスピリッツがスカンジナビア諸国の人々の愛好酒となっている。

古くから家庭で造られていたといわれるが、1498年にストックホルムで最初の販売免許が与えられていることから、スウェーデンが発祥の地とされている。しかし、デンマークの人たちはそれより約400年以上も前から蒸留してきたと信じている。その証拠として、1930年に北部ユートランドで1400年の年号の入った原始的なポットスチルの一部が発掘されたことをあげている。

現在、ノルウェーやアイスランドでも造られるが、デンマークのアールボルクの銘柄が有名である。熟成するには赤道を2回通過させる。これはオーストラリアと往復した船に積み忘れていたアクアヴィットが、航海のおける温度変化や揺れのために風味が良くなっていたことに端を発するといわれている。

その処方は、馬鈴薯（場合によってはライ麦）を原料として、麦芽で糖化、発酵させ、蒸留してアルコール95%以上にしたスピリッツにキャラウェー、フェンネル、薄荷、丁子、柑橘皮などを浸漬して濾過する。

ドイツではキャラウェーをキュンメル（Kümmel）といい、そのまま酒名にしている。また、地中海沿岸諸国ではアニスを効かせたアニセット（Anisette）が普及してきている。

ジン　アルコール自体は初めは薬用であったが、ジンも薬から出発して酒として発達したものである。創始者が明確にわかっている数少ない酒の一つである。

17世紀、オランダのライデン大学に医学教授フランシスクス・デ・レ・ボエ(Franciscus de la Boe)(1614~1672)がいた。別名シルヴィウス(Silvius)博士である。

杜松実(juniper berry、*Juniperus communis*)の精油は利尿効果を持っている。シルヴィウス博士は杜松実を純アルコールに浸漬し、再蒸留することで治療効果のある精油を得ることに成功した。これをジェニェーヴル(Genievere)と名づけた。やがて、これが飲用されるようになり、世界的スピリッツになった。オランダではジェネヴァ(Genever)というが、そのほかにホランダ(Hollands)とかシーダム(Schiedam)ともいう。英国に渡ってジン(Gin)となった。ドイツではバホルダー(Baholder)といい、シュタインへーゲル(Steinhäger)と総称する。シュリヒテ、フリードリッヒの銘柄があり、茶色の陶器入りである。

17世紀の戦争の際、英国の軍人たちが帰還する際にオランダのジェネヴァを本国に持ち帰ったことがきっかけとなって、英国でジンとして造られるようになった。アン女王の時代、フランスからのワインやブランデーの税金を高くし、反対に英国の蒸留酒の税金を低くした。このため、ジンは安くて酔いやすい酒として異常な流行となり、深刻な社会問題を引き起こした。ついにはジン禁止令が出されるに至った。当時、ジンの品質は粗悪であったが、禁止令以後は品質が向上し、杜松実以外にコリアンダーほかの多くのハーブを使用して複雑な香味のロンドンドライジンができあがった。

オランダやドイツではアルコールと杜松実と一緒に蒸留するが、ロンドンドライジンは、種々のハーブを詰めたジンヘッドをアルコールが通過する方式で、製品の香味はより強い。プリムス(Primouth)、ゴードン(Gordon`s)、ビーフィーター(Beefeater)などの銘柄がある。

一方、米国でも大量のジンが生産されている。

ラム

砂糖黍(甘蔗)を搾った汁を発酵、蒸留したものである。砂糖黍についての記録は、紀元前327年アレクサンダー大王がインド遠征から戻った際の記述である。しかし、その原産地がインドなのか、南太平洋の島々なのかは明らかでない。

後の636年、アラブから砂糖黍はヨーロッパに伝播したが、それからとれる砂糖は貴重なものであった。コロンブスがカナリー諸島から西インドへ砂糖黍の穂木を持ち込んで以来、各地に伝播したといえる。

砂糖黍の学名は *Saccharum officiarum* で、ラテン語 saccharum には砂糖の意味がある。ラムの語源にはいくつかの説があるが、この言葉からの由来説がもっともらしい。ほかにはイングランド南西部デヴォン州の方言 rummbullion(興奮)や rumbustion(騒動)から転じたという説もある。

15世紀の終わりに製糖の副産物としてラムが出現したといわれ、16世紀の海賊の歴史にラムがある。17世紀の初めに砂糖黍汁の発酵液を蒸留したスピリッツが西インドで造られた。1651年、バルバドス島で糖蜜から初めて造られた。18世紀の初めまではバルバドスのラムはブランデーより好評であったという。

砂糖黍は温暖の地に適するので、ラムは西インド諸島を含むカリブ海を主産地とし、米国南部、メキシコ、スペイン南部などに広がっている。

産地によって特徴があり、ヘビータイプはジャマイカラムに代表され、ほかにマルチニックがあり、ミディアムタイプはハイチ、バルバドス、トニリダード、ギアナ(デメララ)、ライトタイプはプエルトリコ、ヴァージン、バハマ、ドミニカ、ブラジル、コロムビア、ベネズエラ、メキシコ、スペイン、カナダのほか、ハワイ、フィリピン、米国である。産地によっては他のタイプのものも造っている。

ラムの色調は、暗褐色、褐色、無色とあるが、普通はヘビー、ミディアム、ライトの順となる。これは蒸留法と樽貯蔵のやり方による。

ラムの発酵は、温暖地で始められたこともあって、ほかの酒と違って高温発酵である(35℃以上)。高温に耐える酪酸菌やシゾサッカロミセス(酵母の一種)などが生育し、独特の香味を出す。蒸留は単式蒸留器を使うのが基本であるが、ライトタイプでは連続式も使われる。

ラムには悲しい歴史がある。アフリカの黒人の奴隷売買にラムが使われたからである。また、オーストラリアの開拓時代にも悪用された。

英国海軍はラムと関わりが深い。1609年に英国海軍の乗組員がバミューダに寄港した際、ラムを飲んだという記録がある。その後も英国海軍はラムの大量消費者となった。トラファルガル海戦で戦死したネルソン提督の遺体をラムに漬けて保存したことから、ラムを「ネルソンの血」と呼んだ。スチーヴンスンの有名な冒険小説『宝島』には海賊たちがラムを飲む場面がよく出てくる。確かにラムは海賊の酒でもあった。

ラムはそのまま飲まれるが、カクテル用の使用も多い。また、洋菓子にも多く使われる。日本では大半が洋菓子用である。

フレンチラムというのは、フランス領のマルチニック、グアダループなどから本国に運び、熟成、ブレンド、瓶詰めを行ったものである。ジャマイカタイプで、ネグリタブランドが有名である。

スウェーデンにはライトタイプのラムに似たプンシュ(Punsch)という蒸留酒がある。

オコレホウ

ハワイには、かつて珍しい蒸留酒オコレホウ(Okolehao)があった。

１７９０年頃、オーストラリア人のウイリアム・スチーヴンスンという捕鯨船の船長がハワイに寄港した。彼はよほど酒好きだったらしく、酒ほしさに自ら造ったのがこのスピリッツであったと伝えられている。

フラダンスの際に着ける腰簑はタイ(Ti)という植物の葉で、その根、つまりTi-rootがこの酒の原料とされた。この芋を蒸すと、甘みのある液がとれ、これを発酵させて蒸留する。

スチーヴンスンは、船からボイラー釜を持ってきて蒸留に使った。この釜は鉄製(hao)で、形が女性の尻(okole)に似ていることからこの名前が酒名になったといわれている。３０年ぐらい前には日本のデパートでも販売されていた。残念ながら現在は造られていないという。

引用・参考文献

・麻井宇介：スピリッツの近現代、焼酎・東回り西回り(玉村豊雄編著)、１３１頁、紀伊国屋、１９９９
・安渓貴子：ソンゴーラの火の酒、酒造り民族誌(山本紀夫・吉田集而)、八坂書房、１９９５
・石毛直道：東ユーラシアの蒸留器、焼酎・東回り西回り(玉村豊雄編著)、７５頁、紀伊国屋、１９９９
・稲保幸：世界酒大事典、２２~２３頁、柴田書店、１９９５
・枝川公一：焼酎・東回り西回り(玉村豊雄編著)、２３頁、紀伊国屋、１９９９
・周恒剛：中国の蒸留酒、化学と生物、２４巻、１１７頁、１９８６
・菅間誠之助：本格焼酎、現代化学、Ｎ１８６、３６頁、１９８６
・鈴木博：酒の文化、中国食文化事典(中山時子編)、９５頁、角川書店、１９８８
・須知単：飲酒、中国食文化事典(中山時子編)、４１４頁、角川書店、１９８８
・戸塚昭監修：国分洋酒事典、２７頁、主婦の友社、２０００
・中尾佐助：蒸留酒の起源説、朝日百科１３２、５４頁、１９８３
・永ノ尾信悟：酒をつくる花マファ、酒造りの民族誌(山本紀夫・吉田集而)、１９５頁、八坂書房、１９９５
・Herstein & Jacobs：Chemistry & Technology of Wines and Liquors, p.176, Nostrand Co., 1948
・花井四郎：黄土に生まれた酒、東方書店、１９９２

3　蒸留酒

・N. Faith（藤綾子訳）：COGNAC、ジャーディン、１９８８
・福西英三：ウイスキー百科、柴田書店、１９７６
・プリニュウス（中野定雄・中野里美・中野美代訳）：博物誌、雄山閣、１９９０
・碧川泉・麻井宇介：ウイスキーの本、井上書房、１９６３
・MacDowell（Waugh）：The Whiskies of Scotland, Murrray, 1986
・明治屋：酒類辞典、１０、９０頁、１９８７
・吉田集而：東方アジアの酒の起源、１９６～１９７頁、ドメス出版、１９９３
・吉田集而：海を渡った蒸留器、焼酎・東回り西回り（玉村豊雄編著）、１７３頁、紀伊国屋、１９９９
・李大勇：中国四川省の酒とその発展について、醸造協会雑誌、８７巻、１２４頁、１９９２
・A.Lichine：Encyclopedia of Wines & Spirits, p.83–84, Cassell, London, 1979
・Cyril Ray：Cognac, Antler Book LTD., London, 1973
・ガレス・ロバーツ（目羅公和訳）：錬金術大全、東洋書林、１９９９

4 混成酒

リキュール

リキュール(liqueur)は、日本では混成酒と訳されている。その語源は、ラテン語のリケファケラ(liquefacera)(溶かすの意)といわれている。リキュールは、幅のある酒で、スピリッツにハーブ、薬草、果実などの香味成分を配合した酒で、多くの場合、甘味料、着色料などを加える。その定義は、国によってやや異なる。EUが1989年に規制したのは、「アルコール分15%以上のもので、糖分を10%以上含むものをリキュールとし、25%以上のものにはクレム・ド(créme de)の呼称を許す」となっている。

ギリシャのヒポクラテスが各種の薬草をワインに溶かし込んだのがリキュールの初めといわれている。中世、錬金術師によってアクアヴィテと呼ばれた蒸留酒が生まれた。彼らはこれに薬草類を溶かし、いわば不老長寿の飲み物を造り、これをエリクシル(elixir)、つまり賢者の石と呼んだ(中国の秦の始皇帝が余福に不老長寿の霊薬を探させた話は有名である)。エリクシルは、14世紀半ばに流行したペストに薬効があるとされた。

エリクシルの流れは、キリスト教の修道院での酒造りへと受け継がれたといえる。特にベネディクト会が有名で、ドイツのクロスター・エッテル(Kloster Ettel)修道院のリキュールをはじめ、フランスのフェーカン修道院で生まれたベネディクチンは今日まで続いている。またカルトジオ会のシャルトリューズは17世紀初頭に造られた。これら修道院のリキュールは薬酒でもあった。

一方、14世紀に北イタリアでミッシェル・サヴォナローラがロゾリオ(Rosorio)というリキュールを造った。これはブランデーに薔薇の香りと毛氈苔(もうせんごけ)の味を溶かし込んだものであったという。イタリアでは薬酒としてのリキュールをロゾリオというようになった。

16世紀にフィレンツェのメディチ家のカトリーヌがフランスのアンリ二世と婚約した際、リキュール造りの名手を従者とした。この者がポプロ(Popuro)というリキュールを造った。こうしてフランス宮廷内でリキュールの飲用が広まった。ルイ十四世も不老薬として愛用したという。

やがてリキュール製造は民間でも行われるようになる。ポーランドのダンツィッヒ市で、デル・ラックス(Der Lachs)社が金箔入りのダンチッヒゴールドヴァッサー(Danziger Goldwasser)を出した。17世紀にはオランダでド・カイパー(De Kuyper)社が設立され、キュラソーという果実系のリキュールを出した。フランスのグルノーブルで、バースルミー・ロッシェ(Barthelemy Rocher)社がチェリーリキュールを、ボルドーでマリーブリザル(Marie Brizard)社がアニゼットを出し、さらにロレーヌでは「完全なる恋」(Parfait Amour)が有名になった。ほかのメーカーとしてコアントロー社、マルニエ・ラポストル社、キューゼニア社、ペルノー社などがある。オランダには、ボルス社、デカイパー社がある。

こうしてリキュールは一般市民にも普及し、自家製のものも盛んに造られるようになった。これらはラタフィア(Ratafia)と呼ばれた。その造り方は、スピリッツに赤い果実を漬け込んで、ハーブ、スパイスのエッセンスと砂糖を加えるものである。ハーブの代わりにナッツ類を漬けてアーモンド香を付けたものもあった。

大航海時代を迎え、新大陸や東南アジアからリキュール原料の入手が容易になり、よりスパイシーでよりフルーティーなものとなった。これは古くは医薬用と考えられていたものが飲むためのリキュールとなったといえる。

１９世紀後半に米国で始まったカクテルは、リキュールの大きな需要源となった。また、製菓用としての用途も拡大した。

リキュールの製法には、大別して浸漬法と蒸留法とがある。前者には冷浸漬と温浸漬とがある。冷法は、スピリッツに原料を直接漬けるもので、果実系のものに多い方法である。温法は、ハーブ類の抽出に利用される。温水に原料を漬けて冷えたところにスピリッツを加える。パーコレーション法は、熱湯やアルコールを循環させて抽出するもので、コーヒーやカカオなどに用いる。

製品化するには、アルコールの調整、糖分の添加、天然または合成香料の添加、さらには色素で着色する。

以上を要約すると、次のように整理できる。

ハーブ系（温浸漬法―蒸留法）
果実系　柑橘（冷浸漬法―蒸留法）
　　　　核果、漿果、トロピカル（浸漬法）
　　　　ビーンズ（パーコレーション法）

現代のリキュールの分類　現在、市販されているリキュールは数多くあるが、原料の種類別に分類すると次のようになる。これはハルガルテン(Hargarten)の分類法である。

① 果実リキュール

・核果類：杏類、桜桃、プラム、梅、桃（日本の梅酒も立派なリキュールである）。

・漿果類：ラズベリー、苺、黒酸塊（すぐり）。

・柑橘類：キュラソー、マンダリン、檸檬、パッション、コアントロー、精油（エッセンス）。

・トロピカル果実：パイナップル、バナナ

②草木リキュール　数十種の香草、薬草、木皮、種などが使われる。ベネディクチン シャルトリューズなどは代表的。

③草木の香味が特徴のリキュール

・アニス系：にが蓬（よもぎ）、アニス実を基本にして、甘草、茴香（ういきょう）、ヒソップ、コリアンダー、オリス根などを用いる。ペルソーが有名。以前はアブサンがあったが、中毒症が出るため製造禁止になった。ニセットを主にしたものでは、マリー・ブリザーが有名である。

・キャラウェー系：ドイツではキュンメルというが、もともとはオランダのボルス社の創製で、アルコール度によって4種類ある。金箔入りのダンチッヒ・ゴールトヴァッサーもこの系統のものである。

・ミント系：クレム・ド・メントに代表される。英語ではペパーミントで、緑色が多いが、無色のものもある。

④豆類およびナッツ類のリキュール

・豆類：カカオとコーヒーが使われ、クレム・ド・カカオの需要が多い。無色と褐色とがあり、後者のものにはバニラで香り付けがされている。クレム・ド・カフェやクレム・ド・モカもあり、ラム酒をベースにするものもある。モカにはミントを併用するものもある。

・ナッツ類：コーラナッツ、ココナッツ、そのほかのナッツも使われる。

⑤花卉および葉を利用したリキュール

・花：薔薇の花の香りのクレム・ド・ローズのほかに、桜、菫（すみれ）、ラベンダー、百合、菊、柑橘の花を利用する。
・葉：玉露茶、紅茶。
⑥ その他のリキュール　卵黄、蜂蜜、メープルなどがある。

薬酒

薬酒の歴史は非常に古く、酒それ自身が薬であった時代もあった。醫という字の中に酒を表す酉がはいっていることからもわかる。酒が薬酒として体系化されたのは、西洋ではおよそ1800年前のローマ時代の名医ガレヌスがワインに薬草を浸して造ったというガレヌス製剤が初めであるといわれている。中国ではおよそ4300年前に神農氏が百草をなめて薬にしたのが漢方の初めで、2300年前には薬を酒に浸して飲むとか、酒で割って飲むことがあったという。

有名な司馬遷の『史記』の中の「扁鵲（へんじゃく）倉公列伝」に、戦国時代の名医華陀は治療にあたって薬酒を用いたとあり、また斉国の倉公は王が病に倒れた時、薬酒で治したとある。

漢方薬が体系化されてからの内服方法には、湯、醴、丸、散、丹とあり、このうち醴が薬酒を意味している。不老長寿が考えられ、強壮強精の生薬はなんでも薬酒にする傾向が見られた。

忽思彗の『飲膳正要』を経て、李時珍の『本草綱目』（1596）で集大成されたが、その中には69種の薬酒が記載されていて、大部分が不老長寿を目的としている。その製造方法には2つあり、生薬を酒に浸す方法と、生薬またはその煎汁を麹と一緒に酒に醸す方法がある。ここでは、前者を「醴」といい、後者を「酒」としている。

使われる生薬の主なものは、人参（強壮、強精）、地黄（滋養、強精）、鹿茸（強壮、強精）、白朮（健胃、

腎機能障害）、五味子（滋養、強壮）、当帰（産前、産後）、伏苓（利尿、淋疾）、甘草（解毒）、反鼻（強精、新陳代謝）、枸杞子（強壮）、蛤蚧（強精）、杜仲（強壮、強精、鎮痛）、黄著（心臓病、血管強壮）、肉蓯蓉（強壮、強精）、淫羊藿（強壮、強精）である。

中国の古い薬酒を通覧すると、その原料は動物、植物、さらに鉱物まで広い範囲にわたっている。鄭大聲によると、朝鮮では薬酒と薬用酒は区別される。薬酒（やっちゅ）とは、清酒のことを意味し、酒そのものである。ここでいう薬酒は朝鮮では薬用酒に相当する。日本の酒税法では、薬用酒と薬味酒とに区別し、薬局方に係わるのが前者である。

中国から朝鮮半島に薬用酒が伝わったのはいつかは判然としないが、10世紀から14世紀末の高麗時代と考えられている。しかし、日本で屠蘇酒が記録されたのは平安時代とあるから、直接、中国から日本に伝えられたのか、やはり朝鮮半島を経たものなのかわからない。

ともあれ、朝鮮半島では、中国との交流で多くの薬用酒が李朝時代に発達した。人参酒をはじめ、枸杞酒、煮酒、屠蘇酒、東陽酒、松葉酒、柏酒、五加皮酒、雉黄酒、竹瀝膏、梨薑酒、さらに竹葉酒、松鈴酒、菖蒲酒、松花酒、地黄酒、豆淋酒など40種以上のものが知られているという。日本では、中国との文化交流によって伝わったものが多い。正倉院に伝わる文書の一つに「写経生は終日机に向かっており胸が痛み脚がしびれるので三日に一度は薬酒を飲ませてほしい」旨が書かれている。この文書は天平11年（739年）頃書かれたものである。このことから、当時には既に何らかの薬酒が飲まれていたことが考えられる。

屠蘇酒は、平安時代の弘仁2年（811年）、宮中で初めて用いられた。この酒は祝儀に用いられる薬酒で、後漢の366年に名医華陀によって造られたといわれる。華陀の名は『三国志』の2箇所に出てくるが、紀元200年頃の話である。

その後、日本独特な薬酒も発達した。『和漢三才図会』には、現在飲まれている薬酒は『本草綱目』（１５９６年）に記載されているものが多いが、わが国で古くから用いられてきているものも少なくない、と書かれている。

引用・参考文献

・鄭大聲：朝鮮の酒、築地書館、１９８７
・中山時子編：中国食文化事典、４２７頁、角川書店、１９８８
・P.A.Hallgarten：Spirits and Liqueurs, Faber, 1979
・福西英三：リキュールブック、柴田書店、１９９７
・堀口禎次郎：薬酒について、醸造協会雑誌、６１巻、９８７頁、１９６６

5　僧院寺社と酒

現代の感覚からすると、僧院や寺社で酒が造られていたというのは奇異に思われよう。しかし、ビール、ワイン、リキュール、そして日本酒が聖職者たちや僧侶によって、それぞれの立場で熱心に造られていたことは歴史的事実である。そして、このことが酒の技術の発達と普及に貢献したのである。

中世のヨーロッパは、戦争と疫病と飢饉の時代でもあった。この混沌とした世の中を支配していたのは、宗教と権力とを結び付けた宗教界の人々であった。一面、彼らは知識階級であり、学問や技術を持っていた。その居所は教会であり、修道院であり、寺であったが、各地への異動や通行は自由であり、したがって、彼らは文化の伝播者たちでもあったといえる。

僧院での酒造りの意義については、次のように考えられる。特に修道院は石造りで寒く、酒は体を温めるのに速効性があり、さらには栄養補給にもなった。リキュールは霊薬として、またビールはグルート（香草類）のライセンスによる収入源ともなった。

ワインと僧院

エジプトでのオシリス神、ギリシャでのディオニュソス（ローマではバッカス）とワインとの結付きはあったにせよ、キリストが最後の晩餐で、「パンはわが肉、ワインはわが血」といわれたことは、キリスト教とワインを強く関係づけ、後々までワインは教会の儀式には欠かせないものとなった。

古賀守（『ワインの世界史』）は

キリスト教のワイン文化普及への役割では、カリグラやネロ皇帝以来ガレリウスに到る三世紀にわたる長い迫害時代を抜けて、初めて皇帝コンスタンチヌスのキリスト教への改宗後に続く次の時代から中世を通じ近世までの間、もっぱら教会や修道院が中心となって葡萄山を開きワイン造りに精進し、技術を改善するなどでワイン文化を押し進めた隠然たる力を発揮した後の時代の方が、はるかに大きい、

と述べている。つまり、知識階級でもあった宗教関係者たちは、葡萄園の管理やワイン造りに励み、このことが今日のヨーロッパの銘醸ワインの基礎になったのである。フランスのブルゴーニュの例をあげてみよう。プポンらの『ブルゴーニュのワイン』（山本博訳）から引用すると、

ブルゴーニュのワイン文明は、われわれの時代の夜明けとともに始まり、ぶどう栽培で著名ないくつかの修道院が生まれた6世紀にさらに発達したということである。

シトー派の修道僧たちが、荒廃した土地をふたたび開墾し、寄進された土地にぶどうを栽培して、有名なブルゴーニュワインをつくりだしたのは12世紀のことである。

ボーヌ近郊にあるシャトー・デュ・クロ・ド・ヴージョという修道院は、現在きき酒の騎士（シュヴァリ

エ・タストヴァン）の叙任式を行うことで有名であるが、この建物は　シトー派の修道僧によって建てられ、修道院長の宿舎でもあった。

このシャトーのもっとも古い（およそ1150年）部分は、二つの建物からなっている。その一つには、いまなお、当時のワイン圧搾機が4基残っている。その堂々とした規模と保存のよさは、観光客たちの賞賛のまとである。（中略）二つめの古い建物は、ワインが貯蔵されていた酒庫であった。一方、シャムパンの製法に貢献したドム・ペリニョンは、シャムパーニュ地区のオートヴィレにあるベネディクチン派の修道院の酒庫主任であった。

ワインの歴史の中で特筆される権力者の一人にカール大帝（フランスではシャルルマーニュ）があげられる。大帝がライン河の対岸が雪解けの早いことに気づき、葡萄を植えさせたことや、ブルゴーニュの赤ワインが好きだったが、老齢になって白いヒゲが赤くなることを注意され、この地方に白葡萄を植えさせ以後、白ワインを愛好したこと（コルトン・シャルルマーニュの由来）、葡萄の足踏みは不潔であるとして禁止したことなどの逸話があるが、それよりも大帝の特筆されることは、修道僧たちに葡萄園の拡大とワインの品質改良とを推進させたことである。大帝がワイン普及の中興の祖といわれる由縁である。古賀守は、ドイツでの功績について次のように書いている。

各地の修道士たちは、カールの遺志を継いで品質改善にも努力した。樹の改良もされ、収穫量も増大した。その結果、ワインは修道院周辺の住民のほか他の教会の信者にも恩恵が与えらるようになった。

さらに、

多くの葡萄園は、修道院の財産となった。例えば、フルダ、ロルヒ、マウルブロン、アルザスのワイゼンボール、ハスラッハ、聖ガレンを始め、ピカルディーヒのセントゥーラ。

12世紀にシトー派によって建てられたエーベルバッハ修道院は、「ライン河に大船団を組み、無税の特権を利用して海外貿易を営みイギリスにまでワインを輸出した」といわれる。このように、12世紀、修道院の組織的な開拓によってドイツワインの繁栄の基礎が築かれた。特に、ベネディクト派のヨハニスベルク修道院とシトー派のエーベルバッハ修道院は大きな功績を残した。

ビールと僧院

僧院のビールについては、『ビール礼賛』(山本幸雄)から抜粋引用させて戴く。

修道院での最も古いビール醸造の記録は、アイルランドでケルト人の醸造方法であったという。これは820年頃にスイスのサン・ガレン修道院に伝わったもので、3つの大醸造所があった。くわしい醸造法の記録も残されており、1日の製造能力は1~2キロLであった。この頃はまだホップは使われず、グルートであった。

ベネディクト派およびシトー派の僧侶は、ドイツの各所に僧院醸造所を設立した。特にシトー派のものは商業的にも販売された。これらは数百年以上も続いたが、やがて都市醸造所や領主の持つ醸造所と利害上の衝突が起こり、15世紀になって一時自家用のみに制限された。しかし、まもなく、修道院側は国家への財政援助を約束して、再び無制限の醸造権を獲得した。

ドイツでは、一時、僧院醸造所が1000以上もあったが、お互いの販売競争の激化と、16世紀の宗教改革により多数のカトリック修道院が消滅し、さらにその後の戦争で多くのものが破壊された。17世紀後半から1803年の教会財産の国有化により、独自の僧院での醸造は消滅した。

イギリスでも7世紀後半には修道院醸造は始まっていた。ヘンリー八世(16世紀)が修道院を解散するまでの間、隆盛を極めた。

現在まで存続しているものに、バイエルンの聖ヨセフ尼僧院醸造所、オランダのシャプスコール僧院醸造所、エクアドルの聖フランシスコ僧院醸造所などがある。

山本幸雄は、なぜ僧院でビールを造るようになったかについて大要次のように述べている。

ビールはパンとともに神への供物であったこと。僧侶や修道士の食べ物が質素なため栄養に富んだビールで補強したこと。夏は渇き、冬は厳しい寒気に耐えるためにも必要であったこと。当時最高の知識階級であった彼らの造ったビールやワインが一般のものよりはるかに優れていたので農民や市民との穀物との交換となり修道院の財源になったことなどがあげられる。

リキュールと僧院

酒に草根木皮（ハーブ）を漬け込んだりして、今でいう機能性を持たせる方法は、薬酒として古くから中国や西欧で行われた。薬酒とリキュールとの区別は判然としないが、薬酒の中で飲用になったものがリキュールとなったといえよう。

フランスの修道院では、古くからリキュールを造ってきた。その双璧ともいうべきものが、ベネディクチン（Benedictine）とシャルトリューズ（Chartreuse）である。『明治屋食品事典』（明治屋）、『Guide to Wines, Beer & Spirits』（H.Grossman）の2書から抜粋引用させて戴く。

ベネディクチンは、フランス北海岸のフェカンのベネディクト派の修道院で創製され、現在でも世界に流通している。

１５００年頃、修道僧であり化学の大家 ドン・ベルナルド・ヴァンセリがこの霊酒を創製し、勤行の疲れを直すためや、農民、漁民の病人救済に用いられた。フランス大革命の時、この僧院も解散させられ、僧たちは四散した。７０年後、財産管財人の子孫の アレクサンドレ・ル・グランによって ドン・ヴァンセリの処方が発見され、研究の結果、この酒が復活した。アルコールが４３％で甘く、２７種の薬草が使われているが、その処方は極秘とされている。現在は、僧院の経営を離れ、聖フェカン僧院のベネディクティーヌ・リキュール蒸留株式会社が製造と販売を行っている。

通称ベネディクチン・ドムというが、D・O・M はラテン語の Deo Optimo Maximo（至善至大の神に捧げる）の略である。

一方、シャルトリューズは、フランスのグルノーブル市の山奥にある修道院ラ・グランド・シャルトリューズの名に由来する。ここは聖ブルーノによって１０８４年に創立された（カルトジオ派）。この僧院は、災害で何回か壊され、１６７６年に建立されたものが残っている。１６０５年にアンリ四世の寵臣がこの酒の処方をシャルトリューズ教団の信者に贈った。１７３７年になって、ジェローム・モーベック師がその処方によって完成した。この酒は、修道院内で大いに役立ったが、周りの住民にも利用された。

しかし、この修道院もフランス大革命で閉鎖された。その後、１８１５年に復活し、このリキュールを財源にすることになり、世の中に知られるようになったが、１９０３年に宗教団体法により神父たちは追放された。彼らは３８年後に帰院がゆるされ、この酒も復活した。

使われる薬草の数は１３０種にのぼり、黄色の方はアルコール４３％、エキス３７、緑色の方は、アルコール５５％、エキス２５である。

日本酒と寺社

加藤百一（『日本の酒―５０００年』）によれば、日本の寺院酒造の起源は、１０～１１世紀の神仏混交時代に境内の鎮守社へ献じた新酒造りに求められるとし、その根拠として、奈良の東大寺や洛南の醍醐寺などに酒屋、いわば酒殿があったことをあげている。しかし、『日本霊異記』によると、8世紀中頃まで遡ることができるとも述べている。この話は、物部麻呂が薬王寺の薬分の酒二斗を借りたが、その代金を返さないうちに死んだので、牛に生まれ変わり、使役となってその借金を返したというのである。

中世寺院は、荘園からの貢納米、清浄な仕込水、環境、労力など酒造りに好都合であった。やがて、利潤を目的として市場への進出を図った。この中心となったのが京都、奈良、堺に近い大寺院であった。その数例として、天野山金剛寺の天野酒、菩提山正暦寺の奈良酒、釈迦山百済寺の百済酒、談山妙楽寺の多武峰酒、桧尾山観心寺の観心寺酒、白山豊原寺の豊原酒などをあげている。

神崎宣武(『酒の日本文化』)によると、現在、日本の寺社で酒(神酒)を自ら醸造して神事を行っているのが43社ある。これらはすべて地区税務署から酒造免許を得ている。その多くは濁酒である。これらは祭礼に使われる。

中国酒と僧坊

中国での状況は未調査であるが、次のような記録がある。北魏の第三代、太武帝は北の地域を統一したが、445年、長安地方で胡人蓋呉が背いたのでこれを親征した。ある時、帝の馬の御者が一寺院の麦畑へ入って馬を休ませていた。寺僧は、戦勝皇帝の従者というので懇切に寺の奥室まで案内して酒をふるまった。従者は寺内にあった武器を見て帝に告げた。寺内の大捜査が行われ、「寺内には、醸酒の具もある」と報告されたとある。この頃、既に寺院で酒が造られていたことになる。

先年、筆者が四川省を訪れた際、乳酒製造所を見学した。ここは古い道教の寺院で、道士たちが酒を造っている。酒は甘酸っぱいもので、キュウイのような果実と麹で造って熟成させる。乳酒というわれは、昔、高名な詩人がこの酒を飲んで乳のように旨いと詠んだことに始まったという。倉庫の一角に甕が数個置いてあり、外側にたすきがかけてある。これはまさに四川博物館で見た東漢時代の石棺の浮彫りにあるのと同じである。このことからこの寺院の酒造りは古いものと考えられる。

引用・参考文献

・加藤百一：日本の酒─5000年、技報堂出版
・神崎宣武士：酒の日本文化、角川選書、1991
・H.Grossman：Guide to Wines,Beer & Spirits, VII, 1983
・古賀守：ワインの世界史、中公新書、1975
・塚本義隆編：唐とインド、世界の歴史4、中公文庫、1984
・P.ブホン、P.フォルジョ（山本博訳）：ブルゴーニュのワイン、日本ブルゴーニュワイン協会、1976
・明治屋：明治屋食品辞典、1987
・山本幸雄：ビール礼賛、東京書房、1973

あとがき

人間が農耕生活に入って、農作物に余剰が出ると、それらの加工が考えられるようになった。その有力な手段の一つが醸造であり、その中に酒造りがあった。

農作物は神からの授かり物という素朴な考えは、多くの民族に共通のもので、農作物は神に捧げられ、酒もまず神に供えてから神と共に飲んでいた。日本ではこれを直会（なおらい）といった。

一方で、酒は薬とも考えられていた。漢字で醫という字の酉は酒のことで、酒と薬は同源であった。酒の生産が増えていくにつれ、酒は、人間にとって重要なものとなり、宗教、政治、経済、芸術、文学、科学などに関わり合いを持ち、まさに人間の歴史とともに歩んできたといえる。

また、酒は、生き物だった原料を微生物が変化させ、人間が飲むという意味では、すべての生き物が関係している。酒の研究は、原料、微生物、発酵調節、発酵機構、成分検索、熟成、容器、官能審査、さらには酔いの化学など多岐多方面にわたっている。現在、麹菌の全ゲノムが解明されたという。

人間にとって神秘的な謎であった発酵現象が基本的に解明されたのは、１９３０~４０年代になってからである。今日発展しつつある遺伝子工学やバイオテクノロジーも、元はといえば発酵現象の解明が発端といえる。酒の中に隠されている謎の探求はこれからも続けられ、思いがけない成果が得られるかもしれない。

あとがき

世界には多種多様の酒があり、これら全部を網羅することはこのボリュームの書では不可能である。本書は辞典でも事典でもなく、過去から現代までの酒の履歴を辿ったものとご理解願いたい。なお、多くの文献から引用させていただいたことをお断りし、原著者の方々に感謝する。特に故吉田集而氏の著書からは多くの事項を引用させていただいた。

索引

著者紹介

大塚謙一（おおつか けんいち）

1924年　東京深川生まれ
1945年　東京帝国大学農芸化学科卒業
1950年　同大学院修了
同　年　山梨大学工学部助教授
1960年　国税庁醸造試験所研究室長
1978年　同所長
1980年　三楽オーシャン㈱入社（現・メルシャン㈱）
2005年　同社退社

農学博士

勲三等瑞宝章
シュヴァリエ・タスト・ヴァン
コマンダリー・ド・ボンタン

ワイン博士の本（地球社）
醸造学（編者）（養賢堂）
きき酒のはなし（技報堂出版）
酒類に関する研究論文 100編以上

酒の履歴　　定価はカバーに表示してあります

2006年1月30日　1版1刷発行　　ISBN 4-7655-4233-5 C1070

著　者　大　塚　謙　一
発行者　長　滋　彦
発行所　技報堂出版株式会社
〒102-0075　東京都千代田区三番町8-7
（第25興和ビル）
電　話　営業　(03)(5215)3165
編集　(03)(5215)3161
FAX　(03)(5215)3233
振替口座　00140-4-10
http//www.gihodoshuppan.co.jp/

日本書籍出版協会会員
自然科学書協会会員
工学書協会会員
土木・建築書協会会員

Printed in Japan

印刷・製本　東京印刷センター